太阳

水星

金星

地球

火星

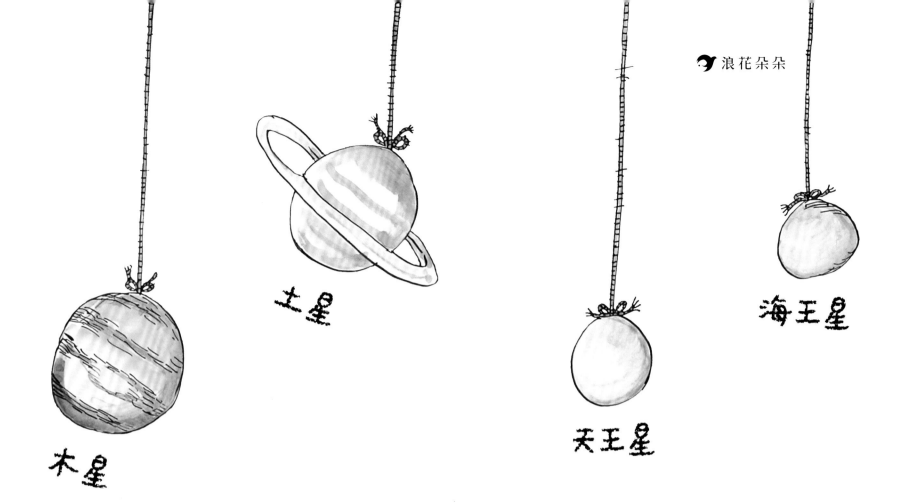

木星　土星　天王星　海王星

浪花朵朵

EL UNIVERSO EN TUS MANOS
宇宙的征程

[西]索尼娅·费尔南德斯-比达尔　[西]弗兰塞斯克·米拉列斯 著

[西]皮拉林·巴耶斯 绘　邵巍 译　郑永春 审订

四川人民出版社

图书在版编目（CIP）数据

宇宙的征程 /（西）索尼娅·费尔南德斯-比达尔，
（西）弗兰塞斯克·米拉列斯著；（西）皮拉林·巴耶斯
绘；邵巍译. -- 成都：四川人民出版社，2019.3（2019.4重印）

ISBN 978-7-220-11171-6

Ⅰ.①宇… Ⅱ.①索… ②弗… ③皮… ④邵… Ⅲ.①宇
宙－少儿读物 Ⅳ.①P159-49

中国版本图书馆CIP数据核字（2018）第287922号

四川省版权局
著作权合同登记号
图字：21-2018-739

YUZHOU DE ZHENGCHENG

宇宙的征程

著　者	[西] 索尼娅·费尔南德斯-比达尔　[西] 弗兰塞斯克·米拉列斯 著 [西] 皮拉林·巴耶斯 绘
译　者	邵巍
审　订	郑永春
选题策划	后浪出版公司
出版统筹	吴兴元
特约编辑	许治军
责任编辑	薛玉茹　张东升
装帧制造	墨白空间·闫献龙
营销推广	ONEBOOK
出版发行	四川人民出版社（成都槐树街2号）
网　址	http://www.scpph.com
E - mail	scrmcbs@sina.com
印　刷	北京盛通印刷股份有限公司
成品尺寸	270mm×300mm
印　张	18
字　数	72千
版　次	2019年3月第1版
印　次	2019年4月第2次
书　号	978-7-220-11171-6
定　价	128.00元

献给贝奥妮：
你是我们创作的源泉，照亮了我们创作的旅程。
感谢你把我们联结在一起。

——索尼娅和皮拉林

我的冒险之旅是从冬天的一个周日开启的。

随着妈妈的话音儿"肉卷来啦！"，我最喜欢的食物在餐桌上"着陆"了。

"艾娃，你外公藏哪儿去了？你能去楼上找找他吗？他肯定还在书房待着。"

"好嘞！我这就去！"

阁楼是我的外公莱昂纳多最喜欢的地方，而我喜欢叫他"莱昂爷爷"。

外公是个发明家，他总能做出各种有趣的东西，有些是用来看星星的，而另外一些可以帮人轻松地修剪草坪。

有一次，他居然给我家的猫咪做了一艘飞船。但是外婆把飞船没收了，因为小猫从两层楼高的地方掉了下来。猫咪倒是没受什么伤，不过从此以后，它对外公总有点儿不那么信任了。

我的外公是个科学迷，也是个一流的发明家！

我喜欢看外公干活儿。有时，外公也让我打打下手。他最新的一项发明最神秘了，外公只告诉我说，他的新装置会把他带到人类连做梦都没有梦到过的地方去。

我觉得这个新奇的装置
应该有一扇开着的门。

望远镜是时光机

起初，人们只是用望远镜来看清楚远处的物体，是伽利略把它对准了夜空。顿时，一个神奇的世界在他眼前出现了。从那时起，天文学家开始用望远镜来观测遥远的天体和星系。

尽管光束从天体传到望远镜的速度非常快，但也不是即时的。一些遥远天体发出的光甚至要在几百万年后才到达地球。我们在天空中看到的一些星星与我们相距极其遥远，所以当它们的光线到达地球时，星星本身或许早已消失。我们看到的可能是那些死亡星体的幽灵。从这个意义来看，望远镜就像时光机，我们通过望远镜看到的是几百万年前的过去。从月球射出的光到达地球需要一秒钟，所以下次你看月亮的时候，你要知道，你看到的是一秒前的月亮。

欢迎来到宇宙蛋，艾娃指挥官！

我是卡西尼，飞船的飞行员。

我时刻待命，准备飞行。请您关上舱门，系上安全带……

亲爱的艾娃：

如果这封信到了你手上，说明我需要你的帮助。

发生了一些奇妙的事情，你也可以把这些事情当成是灾难，这取决于你怎么看了。

我的发明成功啦！宇宙蛋可以带你去任何时间、去任何地方。可以抵达最遥远的星球，也可以回到最远古的时代。

我跟有史以来最厉害的科学家交谈过，也去了你根本无法想象的地方。我太兴奋了，居然没发现飞船的一些零件丢失了。

所以，我没法儿冒着风险坐这艘飞船回家，因为我担心它会整个儿崩溃，这样我就会如星尘一般，散落在浩渺的宇宙之中。

我需要你沿着我在宇宙中的轨迹，找到那些零件，来我这儿接我（不过，我也不清楚我具体在哪儿）。

在整个家族中，只有你继承了我的冒险基因。你是我所有的希望。我知道，你会找到我的。

紧紧地拥抱你，爱你的外公。

莱昂

附言：

你的任务极其重要，但是你务必记住：一定要享受旅行，并从每一段旅程中学习新的知识。

生命是一个奇迹，我们不能总是踮着脚，过得小心翼翼。

1. 宇宙居民

我们根据船长事先设定的程序，抵达了目的地：

1978年的纽约。

"欢迎下船，我的指挥官。"

"我没想到还能再次见到这神奇的玩意儿！"一个神色和蔼的人对我说，"当然，你肯定不是莱昂纳多。那么，我的老朋友在哪儿呢？"

"您认识我的外公莱昂？我是艾娃，我正在找他呢！"

"很高兴认识你，小姑娘！我叫卡尔·萨根，从事科学研究，我的专长是探索宇宙的奥秘。"

"哇哦！我知道您，萨根先生。莱昂爷爷和我读过很多您写的关于宇宙的文章。可是，现在他消失了，就在我吃早饭之前，他不见了。我想，肯定是宇宙蛋把他带走的。您知道我怎么才能找到他吗？"

"要想找什么东西，首先得知道自己在哪儿。"卡尔·萨根解释道，"你先仔细看看地图上的这些黑点，它们都是星系。我们的地球就隐藏在其中的银河系里。"

"我知道。"我回答说，"这个挂着的可以转动的物体代表太阳系。太阳周围是水星、金星、地球、火星、木星、土星、天王星和海王星。冥王星，它是众多矮行星中的一个，它在这儿。"

"你真棒，艾娃！看得出来，莱昂纳多教了你很多知识……他跟你讲过吗？其实，这个转动物体上标记的八大行星，它们的位置都是错的。"

"我不明白……"

"如果我们把地球所代表的那个小球体看成是一粒豌豆的大小，那么，木星离它的距离就应该有300米远，差不多就是一个接一个连在一起的三个足球场的长度。而冥王星就得被放置在距离地球2500米的地方，它应该和一个细菌差不多大小，小得根本看不见。

"其实我们小小的太阳系在宇宙中的地位也是无关紧要。"卡尔·萨根指着宇宙地图，娓娓道来，"太阳只是我们浩瀚的星系——银河系拥有的300 000 000 000颗恒星中的1颗。"

冥王星
失去了王冠

冥王星是在1930年被美国的天文学家克莱德·汤博（Clyde Tombaugh）率先观测到的，他随即发现这颗行星个头很小。这在科学界引发了不少是否应该把它归类为"行星"的疑虑。

2006年，可怜的冥王星被驱逐出了行星联盟，不过目前一些科学家却在力争使冥王星重新恢复行星的称号。

"我们就在这里，位于银河系的一条旋臂上，对吧？我听莱昂爷爷跟我讲解过好几次。"

"你说得对，艾娃。仙女座星系在银河系的边上，是离我们最近的星系邻居。"

"这无数的小点点组成了银河系？"

"是的。银河系又和它附近的40个其他星系组成了本星系群。"

"那就是说，我们所处的地球位于太阳系，太阳系属于银河系，而银河系又属于本星系群。"

"包含本星系群的本超星系团又处在无限的宇宙之中。"

"那我的莱昂爷爷在哪儿呢？"

"他也在宇宙之中。所有的这一切，它的过去和它未知的将来都在宇宙之中。我们的家就在其中的这个小点点上，如清晨天空中的一粒尘埃，飘浮在宇宙之中……"

从远处看，地球这个小点点，看上去不怎么有意思。

但是对于我们来说，地球却是独一无二的。你看这个小点，对，它就在那儿。那是我们的家园，那就是我们。所有你爱过、见过、听说过的人，以及其他所有存在过的人，都曾经生活在这片土地上，度过他们的一生。每一个猎人与强盗，每一个英雄与懦夫，每一个文明的缔造者与毁灭者，每一个国王与农夫，每一对年轻的情侣，每一个母亲、父亲和满怀希望的孩子，每一个发明家和探险家，每一个德高望重的教师，每一个腐败的政客，每一个"超级明星"，每一个"最高领袖"，人类历史上的每一个圣人与罪人，都在这里——一个悬浮于阳光中的尘埃颗粒——生活。

地球是我们目前已知的存在生命的唯一世界。至少在不远的将来，还没有其他的地方，可以让我们人类移民居住……就目前来说，地球还是我们生存的地方……对我来说，它强调说明，我们有责任更友好地相互交往，并且要保护和珍惜这个淡蓝色的光点——这是我们迄今所知的唯一家园。*

* 选自《暗淡蓝点》，卡尔·萨根著。

突然，我感到一阵失望。我怎么可能在这数不胜数的人群之中，找到我的外公呢？

"可我现在更迷茫了。我不知道该从哪儿开始找我的莱昂爷爷。"

"对了，我的这条线索没准儿有用。"萨根眼睛一亮，"莱昂纳多曾经问过我，如果可以去任何时空旅行，我会选择去哪儿？我跟他说，我会去古老的亚历山大图书馆。2200多年前，一位叫埃拉托色尼的科学家是那儿的馆长。也许，这位科学家可以告诉你，你的外公在哪儿。我来帮你设定程序……你管这玩意儿叫什么？宇宙蛋？"

"太好了！没准儿我可以在亚历山大图书馆找到莱昂爷爷。
萨根先生，太感谢了！认识您真是太好了！"

"艾娃，等会儿……你外公上一次来看我的时候，在我这儿落下了一片
飞船的零件……在这儿！"

到达目的地啦！
我们回到了公元前240年的亚历山大图书馆！
请您穿上长袍，这样可以避免引起
生活在那个年代的人们的注意。
祝您一切顺利，长官！

"对不起，先生，"我彬彬有礼地问道，"我在找埃拉托色尼。据说他是亚历山大图书馆的馆长。您知道他在哪儿吗？"

"这事儿太简单了，就是你眼前的这个人啊，小姑娘！我很高兴接待你，不过，我现在正做着一件极其棘手的事。"

"是什么事情呢？如果您告诉我，没准儿我能帮到您！"

埃拉托色尼告诉我:"两年前,我在翻看图书馆用莎草纸做成的书的时候,注意到了一件趣事。书上说在赛伊尼城,每年阳光最充足的夏至那一天的中午12点,会发生一件奇事:

当太阳升到天空的最高处,可以在位于市中心广场的深井里,看到太阳的倒影。"

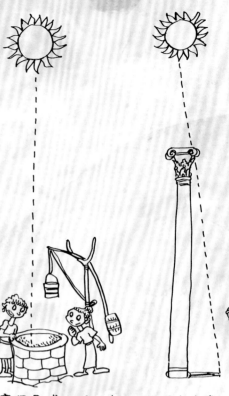

赛伊尼城 正午12点　　亚历山大港 正午12点

"莎草纸上记录的事是真的吗?"

"6月21日,我去了赛伊尼城,想去证实一下。确有其事。早上,当庙宇中柱子的影子渐渐消失的时候,太阳光一点一点进入了水井的深处。正午12点的时候,太阳正好升到井的上空。那时,庙宇中的柱子没有投射一丝阴影。"

"这些影子、柱子和水井,为什么这么重要啊?"

"这就是科学家的工作方式:我们有很强的好奇心,总是对周围发生的事情产生怀疑,不管这事看起来是多么的微不足道。所以,我就想再做个实验,看看是不是在我们亚历山大港也会发生同样的事情。"

"结果出来了吗?"我问。

"结果证明,赛伊尼城发生的事情并没有在亚历山大港再现。夏至中午12点的时候,亚历山大港这里的柱子投射出了一小片阴影。"

"这是为什么呢?赛伊尼城的柱子没有投射阴影,而亚历山大港的柱子却有影子?"

"小姑娘,所有的秘密都在于此——如果地球是扁平的,赛伊尼城的那12根大柱子一定会投射出跟这儿一模一样的影子,对吧?"

"可事实正相反。"我肯定地说,"所以唯一的理由就是地球是圆的。"

地球像一个橄榄球

　　由于美国国家航空航天局(NASA)向太空发射了技术先进的卫星,所以,现在我们知道,地球并不完全是圆的,而且,赤道一带正在不断地向外扩张。海洋可能是地球"腰围"不断增大的原因。由于极地冰盖的融化,海洋中灌满了冰水,这使地球看起来似乎越来越像英式橄榄球,而不是足球。

"完全正确，小科学家！"埃拉托色尼给了我一个肯定的答复，"我派了一些人去一步一步地测量从亚历山大港到赛伊尼城之间的距离，测得的结果是800千米。我还测出了亚历山大港投射阴影的柱子和赛伊尼城的柱子之间有7.2度的夹角。"

"我们假设经过地心的地球剖面是圆形，那么，由于圆周角是360度，这就意味着这个剖面可以被均分成50份夹角为7.2度的扇形。"我接着计算了一下，"我们用这两个柱子之间的距离800千米，乘以50，那么，绕地球一圈的距离就是40 000千米。"

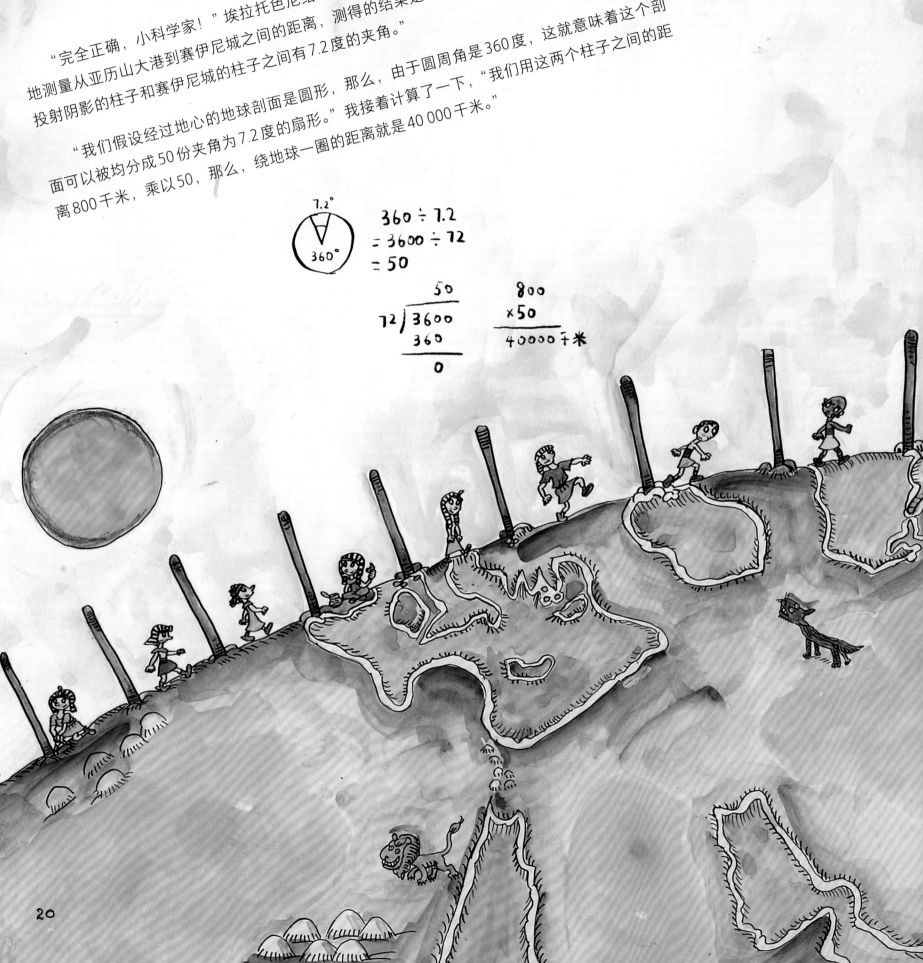

"你太棒了，小科学家！我们刚刚得到了我们这颗星球的测量结果。你可帮了我一个大忙啊！我怎么才能回报你呢？"

"我在找我的外公莱昂纳多，他消失在宇宙中了。有人跟我说他来拜访过您。您见到他了吗？"

"我当然见到他了。我们探讨了我的新计划：测量地球和月球之间的确切距离。他说要去找个人帮我们……这个人好像叫伽利略。"

"您简直帮了我的大忙了！谢谢您，埃拉托色尼。"

"你别忙着走，莱昂纳多有个奇怪的透明部件落在这儿了。你找到他的时候给他好吗？"

22

当我把这个透明的东西插到上次卡尔·萨根给我的那个零件上时，我的探险伙伴现身了。

原来是个智能机器人！

"艾娃，你好！谢谢你找来我的零件，还把我修好了！"机器人用银铃般的嗓音对我说。

"你居然知道我的名字？"

"当然了。莱昂经常跟我说起你。我是卡西尼。"机器人做了自我介绍，
"现在我们得马上出发，找回飞船丢失的所有零件，然后去救你的外公。"

终于有个人理解我的使命了。
"我正按照信里的要求，沿着莱昂爷爷走过的路线找他。不过，我
不清楚的是，怎么才能完成我们的第二个任务：到伽利略那儿去。"

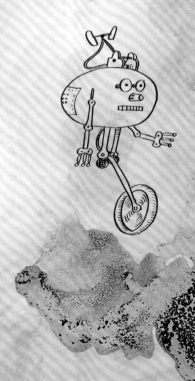

"这事儿交给我吧。"卡西尼对我说，"从现在起，你不再是孤军奋战了。我现在设定
宇宙蛋的程序，我们要飞往1610年……"

2. 你去哪儿，月亮?

"宇宙蛋把你们带来啦! 你们来得正是时候! 我刚好把它组装完。" 这个人热情洋溢地说着，"莱昂纳多没跟你们一起吗?"

"那么，您见过我外公了? 我是艾娃。" 我边说边伸出了我的手。

"当然见过。几个月前我们一起开始做这个设备，今天我正好做完。刚才看着这个装置，我就在想，这个仪器的第一次使用，应该由我们俩一起来开启。"

我马上认出了伽利略指着的这台仪器是什么了。

"这是望远镜! 我家的书房里也有一台跟这个一模一样的。"

"小姑娘，你说对了。你跟你外公一样聪明! 他上次来我这里的时候，我给他看了水手们航海时观察远方物体的一个小发明。这个小发明是用几个镜片组合的。我们摆弄这个玩意儿的时候，有了一个绝妙的想法，并对它做了一些调整，这样我们就可以把这玩意儿对准星星，观测宇宙啦。我现在正把它对着月亮呢! 你想跟我一起看吗?"

"太荣幸了! 伽利略先生。" 卡西尼回答伽利略，然后对我耳语："伽利略先生是世界上首位把望远镜对准星星的科学家。也正因此，他发现月亮和古人想象的不一样，它不是完美的闪闪发亮的球体。月球上也有高山与峡谷。"

"太令人不可思议了！"这位伟大的科学家透过望远镜看着月亮惊叹道，"月亮跟人们想象的完全不一样！"

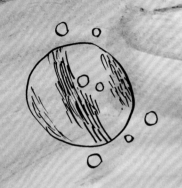

"月亮令人着迷。"机器人卡西尼接过了话茬儿，"没有太阳，地球上将没有生命。事实上，如果没有太阳，地球这颗行星甚至都不会形成。也许正因为如此，人类一直崇拜太阳。但是，很多人不知道的是，我们能有太空美少女——月亮的陪伴，也是多么幸运。它庇护着我们，宠爱着我们。没有月球，地球也一样存在，这是事实。不过，它将跟我们熟知的这颗星球完全不同。如果没有月球，也将没有人类。"

太阳系中的卫星

太阳系中有很多卫星，从卫星与其环绕的行星的大小比例来看，地球拥有的卫星——月球是相比而言最大的卫星。木星四周有一系列卫星，就好像它拥有自己的行星一样，不过，跟木星这个由气体组成的巨大的星球相比，它的卫星看起来太小了。太阳系的其他几个"巨人"——土星、天王星和海王星的卫星看上去也是如此。

火星拥有两颗卫星，不过它们也太小了，无法帮助火星形成生命。而且，它们有可能是这颗红色行星依靠引力从小行星带捕获而来的。

金星从很多方面看来，是与地球最相似的行星。但是它缺少一个关键因素：它没有卫星。水星也没有卫星。

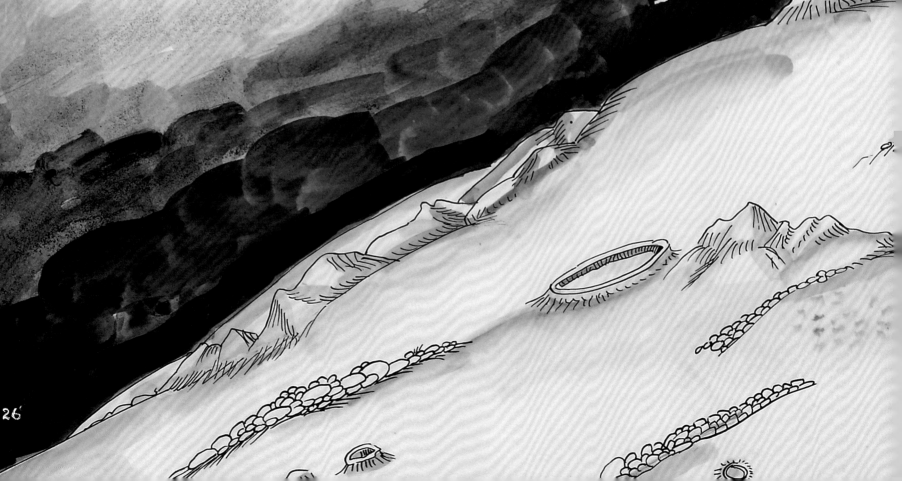

"那么，我们亲爱的月球是从哪儿来的？" 我问我的机器人朋友。

"要回答你的这个问题，我们得重新登上宇宙蛋，回到远古时代。来吧，向40亿年前的太阳系进发吧！"

"太棒啦！"伽利略也在我们的身边欢呼雀跃。

"那是地球吗？"我满腹疑虑地问道，"它怎么通体都是蓝色的？"

"在月球形成之前，地球被巨大的海洋所覆盖。"卡西尼给我们解释道，"这些水面上露出的小尖顶将来会形成世界上最高的山峰。在那时，蓝色还不是地球唯一的特征。它转得也非常快，几个小时就是一天，而且大风肆虐。在这样的环境下，或许只有在海洋深处才有可能诞生生命，而且那时能诞生的生命大概只是一些小细菌。"

"不过，如果你们觉得40亿年前地球上存在的生命形式不够复杂的话，"卡西尼接着说，"那是因为你们还没有看到所有的东西。现在你们抓好了，因为我们马上就要去见识一场超级大碰撞。"

"现在靠近我们的这颗行星是忒伊亚星。科学家认为它位于地球和火星之间。它的运行轨道离地球很近，一不小心就会发生撞击。不过，这场所谓的地球大灾难，其实是一次幸运的碰撞。因为撞击之后，月球产生了。"

超级大碰撞

　　行星之间发生的撞击，并不像电影中描述的那样，在瞬间毁灭。地球的双胞胎兄弟忒伊亚星以每秒11千米的速度撞向地球，之后缓慢地嵌入地球，整个过程持续了半小时之久。

　　在那场大碰撞中，有大量的物质被释放出来，并围绕地球转动，之后，这些物质慢慢聚拢在一起，形成了月球。

　　月球就这样形成了……确切地说，月球，还有其他的卫星就这样形成了！一些科学家认为，当时还形成了另外一个更小的月球。月球的这个小妹妹只在宇宙中存活了几百万年，相对于宇宙的时间，它就是个小婴儿。后来，这个小婴儿跟我们的月球不断发生碰撞，把月球表面撞得坑坑洼洼。

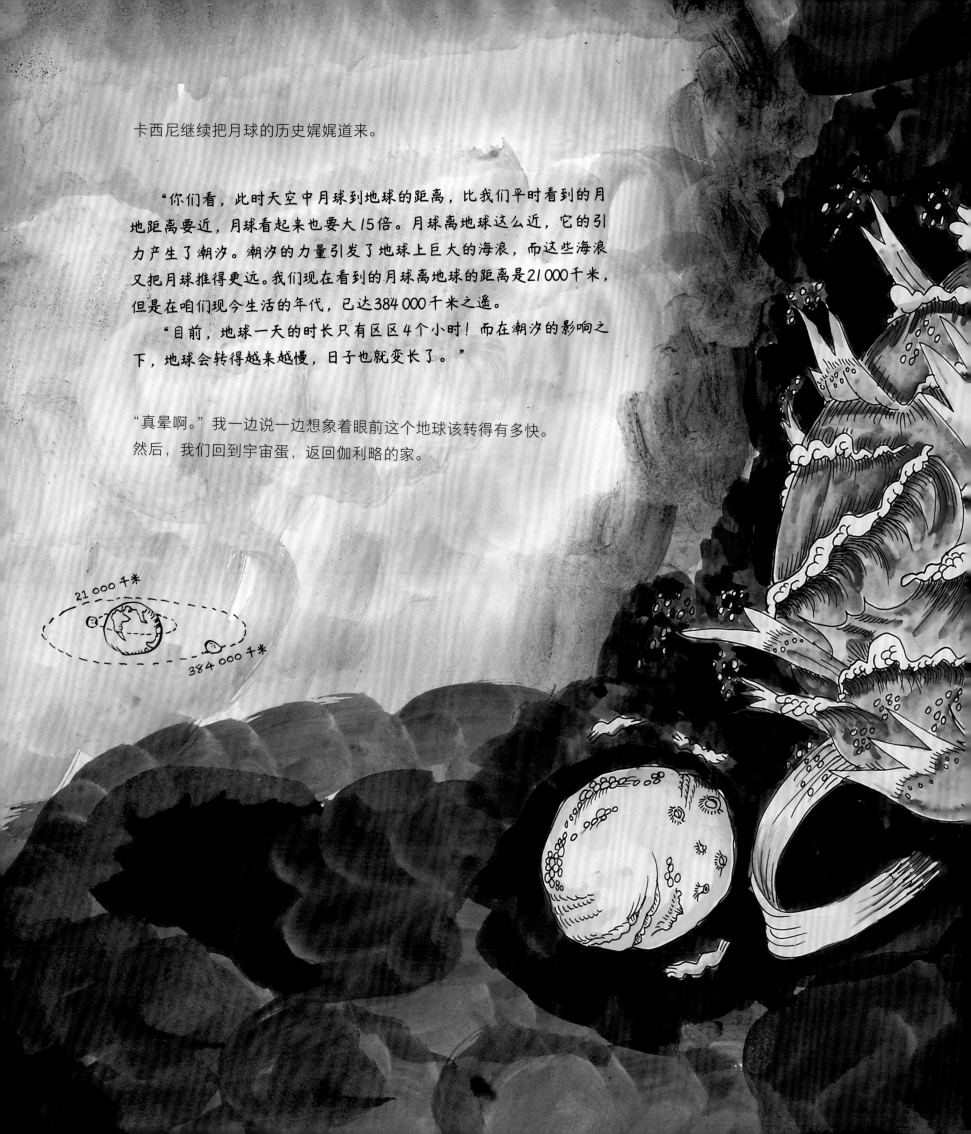

卡西尼继续把月球的历史娓娓道来。

　　"你们看，此时天空中月球到地球的距离，比我们平时看到的月地距离要近，月球看起来也要大15倍。月球离地球这么近，它的引力产生了潮汐。潮汐的力量引发了地球上巨大的海浪，而这些海浪又把月球推得更远。我们现在看到的月球离地球的距离是21000千米，但是在咱们现今生活的年代，已达384000千米之遥。

　　"目前，地球一天的时长只有区区4个小时！而在潮汐的影响之下，地球会转得越来越慢，日子也就变长了。"

　　"真晕啊。"我一边说一边想象着眼前这个地球该转得有多快。
　　然后，我们回到宇宙蛋，返回伽利略的家。

21000千米

384000千米

岩层中的潮汐韵律

    在我们这个小小的星球上，存在着一些叫"潮汐韵律层"的岩层，这些岩层就像一本日记，记录了数百万年前日子的长短变化。

    它们如同一本真正的书籍，记录了潮汐的活动。在数百万年前，它们的活动比现在更加频繁，所以我们了解到当时的一天要比现在更短。

"月球现在还在远离地球吗？"伽利略忧心忡忡地问。

"是的。"卡西尼回答道，"月球大约以每年3.8厘米的速度飞离地球。如果继续这样下去，总有一天它会彻底离我们而去……"

"这简直是个灾难啊！"伽利略惊呼了起来，"如果没有月亮，地球上会发生什么呢？"

"人类的好日子将一去不复返。正因为有了月亮，地球在围绕太阳转动的同时，也能稳定地保持着23度的倾斜度慢慢自转。火星的自转角度之所以不停地在0度与90度之间摇摆，就是因为它没有一颗足够大的能让它维持稳定转动的卫星。由于这个原因，火星无法产生稳定的气候。如果月球离我们远去，地球的气候也会变得不稳定。地球的自转会变得越来越慢，一天也会越来越长。地球上的气候也将发生巨大的变化，气温会发生剧烈变动，在一天之内从100多摄氏度降到0摄氏度以下。由于气候不稳定，极地冰盖将会融化，海平面上升，海水会淹没沿海的城市和所有岛屿，地球将变得不再适合人类生存。"

"这种情况什么时候发生啊？"我突然插了一句。我为我的外婆和爸爸妈妈担起心来，他们可正无忧无虑地在厨房吃着肉卷啊！

"你别难过，艾娃。"卡西尼的一番话让我平静了下来，"月球至少在几百万年之内是不会离开地球的。"

"我们难道不能做点什么，让月球永远留在地球身边？"伽利略提了个问题。

卡西尼解释说："有人建议安装几个巨型的大坝，这样就能挡住海浪，月球也就不会继续飞离地球。还有一些科学家，比方说亚历山大·埃文（Alexander Eivan），提出了一些大胆的设想。他建议捕获木星的卫星欧罗巴，把它放置到地球旁边。这样我们就能在数百万年间拥有两颗卫星。"

"我觉得这个主意不错！"我说，"这样，月球就有个小妹妹了。"

"不过，只要月亮依旧挂在天上，我们依旧可以欣赏它、赞美它，向它献上我们的诗歌和小夜曲，因为，我们的存在都有赖于它。"卡西尼说。

"如果人类有一天能去月球旅行，那该多妙啊！"伽利略感慨万千。

"这事儿已经成为现实了！"我不假思索地脱口而出，没有意识到伽利略来自另外一个时代。

1969年7月21日，美国宇航员尼尔·阿姆斯特朗首次登上月球。

从那时起，其他宇航员也陆续搭乘阿波罗号飞船登上月球。现在，人们已经在研究如何登陆火星了。

> "如果各位愿意的话，我们可以穿越时空，驶向阿波罗号飞船执行某次任务的年代……"

伽利略兴奋地跳了起来。

宇宙蛋在阿波罗11号飞船将要从卡纳维拉尔角起飞之前，正好赶到了。卡西尼用一块威力无穷的磁石打开了机组人员的登机口。在场的人都沉浸在激动之中，根本没发现有几个"偷渡者"溜进了飞船。

第一个"宇航员"

第一个环绕地球轨道飞行的地球生命是一条叫莱卡的俄罗斯小狗。它在1957年随斯普特尼克2号人造卫星升空。遗憾的是，它在飞行途中去世。

在开启这一非凡旅程之前，这只流浪狗跟另外两只小狗一起接受了一系列艰苦训练，并最终胜出。

莱卡之后，苏联共把12只小狗送上太空，其中有5只活着回到了地球。

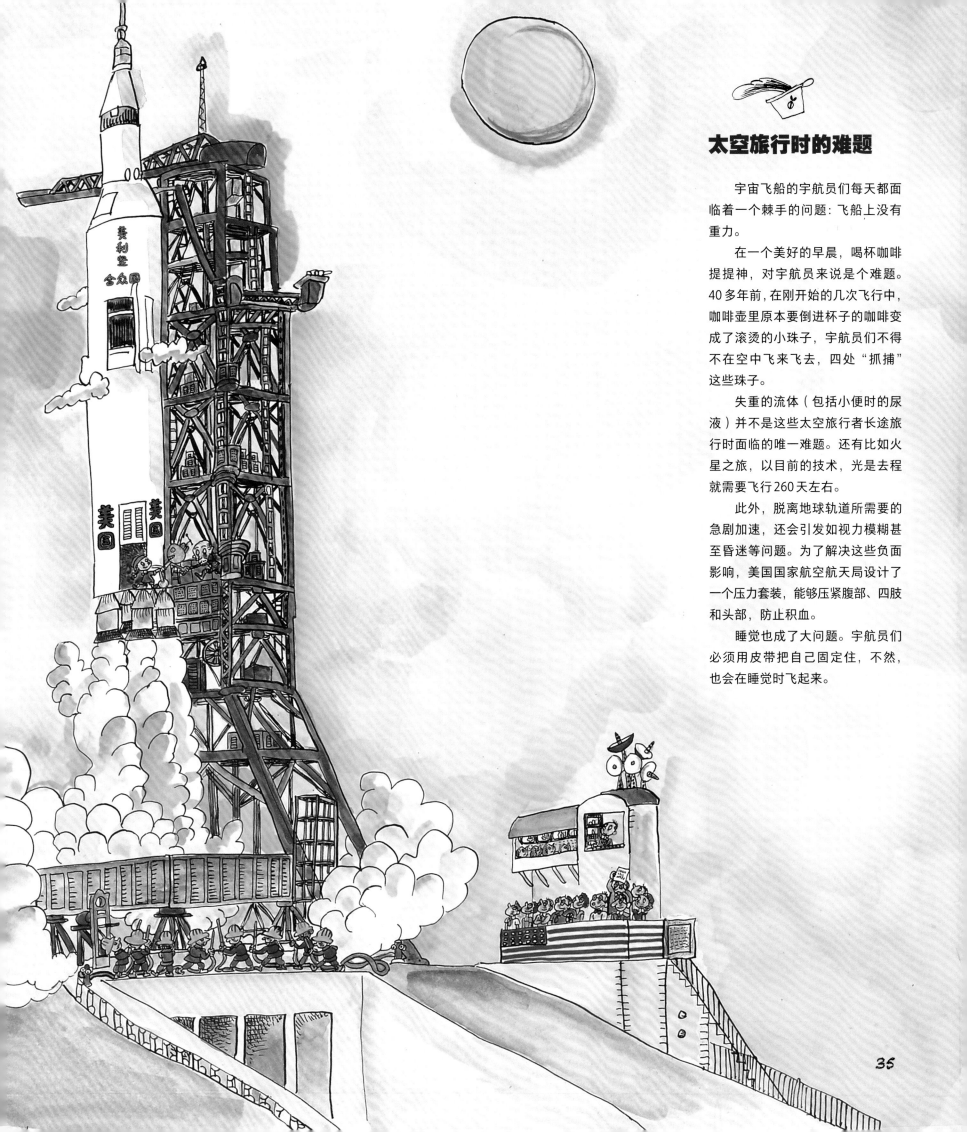

太空旅行时的难题

宇宙飞船的宇航员们每天都面临着一个棘手的问题：飞船上没有重力。

在一个美好的早晨，喝杯咖啡提提神，对宇航员来说是个难题。40多年前，在刚开始的几次飞行中，咖啡壶里原本要倒进杯子的咖啡变成了滚烫的小珠子，宇航员们不得不在空中飞来飞去，四处"抓捕"这些珠子。

失重的流体（包括小便时的尿液）并不是这些太空旅行者长途旅行时面临的唯一难题。还有比如火星之旅，以目前的技术，光是去程就需要飞行260天左右。

此外，脱离地球轨道所需要的急剧加速，还会引发如视力模糊甚至昏迷等问题。为了解决这些负面影响，美国国家航空航天局设计了一个压力套装，能够压紧腹部、四肢和头部，防止积血。

睡觉也成了大问题。宇航员们必须用皮带把自己固定住，不然，也会在睡觉时飞起来。

"这是我个人的一小步，却代表着人类的一大步。"尼尔·阿姆斯特朗激动地说。

"你在说什么？"

"我不是在和你说话，我在跟地球说话。"

"可是，我也是地球的一部分，虽然现在我感觉自己像只小鸟……轻盈得好像没有一点儿重量。"

"这是重力变化的缘故。"阿姆斯特朗说，"月球的重力比地球弱很多。对了，你有多重？"

"我外婆一定会说，对女士不应该提这样的问题……我差不多有30千克，不过，我还小。"

"事实上，这不是你的质量，而是你的重量。好吧，我不把事情弄那么复杂了，我们接着说吧，"阿姆斯特朗一边说，一边心算着什么，"如果你在地球上的体重是30千克，那么你在月球上的体重就是5千克，在火星上就是11千克，因为火星的引力大概是月球的2倍。而在木星，这个存在巨大引力的星球上，你的体重会重达75千克。"

价值连城的月壤

　　登陆过月球的宇航员给地球带来的礼物，就是382千克的岩石和月壤，美国国家航空航天局把它们存放在休斯敦一个零下92摄氏度的地方。2003年8月，实验室3名实习生被判有罪，因为他们偷窃了105克的月壤，并试图以每克1 000到5 000美元的价格出售。

　　但陪审团认定，他们偷窃的东西远不止这个价，因为为了得到这些月壤，美国政府花在每克月壤上的费用是50 800美元。

　　而最终面向公众的销售价格还会更高。苏富比拍卖行拍卖了苏联宇航员带回来的月壤，它的价格是每克120万美元，真可谓价值连城。

"在月球上开个酒店接待后面来的人会很难。"阿姆斯特朗转移了话题，"月尘会吞噬所有的一切。"

"月尘？这是什么东西？"

"月尘是月球表面的尘土，它的硬度跟砂纸差不多。它无处不在。我们在这儿才待了几个小时，它就已经在侵蚀我们的飞船了。"

"所以不能在这儿建酒店？"我问道。

"是的，不能。此外，这儿也见不到水源。如果我们把水从地球带过来，那么一升水的价格会超过100万欧元。谁又能喝得起呢？"

我跟牛顿喝了杯咖啡，因为我想知道月球为什么会绕着地球转。

我们再次回到伽利略的家，只见他径直走向书桌，嚷嚷着要把所有的东西记下来。卡西尼走近我，低声说：

"我们得把他的记忆清除了。他不应该记住这些未来发生的事情。"

接着，我听见咔嗒一声，一道亮光闪过，伽利略转过头来，神色平静地对我们说：

"现在我们已经试过望远镜了，该去找莱昂纳多了。他跟我说过要去一个叫剑桥什么的地方，找一个叫牛顿的人喝下午茶，想让牛顿跟他讲讲，为什么月球绕着地球转。"

在我们正准备离开时，我看见了一块金属板，它肯定不属于伽利略生活的年代。于是，我拿上了它，把它分毫不差地安放在了宇宙蛋缺失零件的其中一个的位置上。

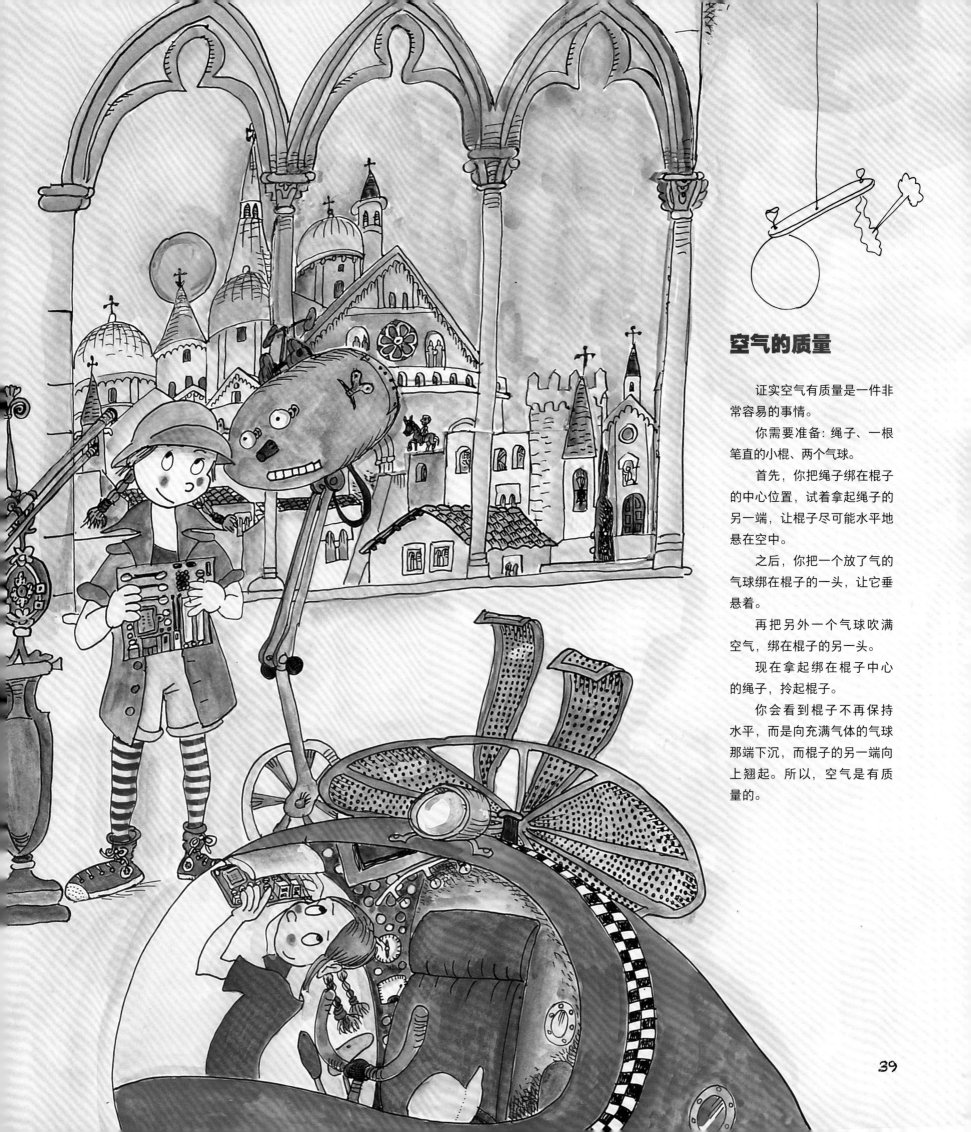

空气的质量

证实空气有质量是一件非常容易的事情。

你需要准备：绳子、一根笔直的小棍、两个气球。

首先，你把绳子绑在棍子的中心位置，试着拿起绳子的另一端，让棍子尽可能水平地悬在空中。

之后，你把一个放了气的气球绑在棍子的一头，让它垂悬着。

再把另外一个气球吹满空气，绑在棍子的另一头。

现在拿起绑在棍子中心的绳子，拎起棍子。

你会看到棍子不再保持水平，而是向充满气体的气球那端下沉，而棍子的另一端向上翘起。所以，空气是有质量的。

3. 寻找金子

环顾四周，我招呼了一声卡西尼：

"卡西尼，那儿的那位先生，我好像在莱昂爷爷的一些书上见到过。我们过去问问他是不是牛顿。"

于是，我们走过去先自我介绍。

"早上好，先生！请问您是牛顿先生吗？我们需要他的帮助。"

"不好意思，小姑娘，我不是牛顿。但是我现在正好要去拜访他。我希望能够解开困扰我很久的一个谜团。你可以跟我一起去。我叫埃德蒙·哈雷。"

"太好了，我是艾娃！"我想起来我们还没有做自我介绍，所以赶紧说，"这是我的朋友卡西尼。"

"天哪！" 卡西尼低声惊叹道，"*他就是发现哈雷彗星的那个哈雷。*"

"这个谜团是什么呢？" 我好奇地追问哈雷先生。

"我从小就对彗星非常着迷。所有的人都说彗星会带来噩运，不过我可不信。我只想知道它们到底是什么。我想，如果弄懂了为什么行星会绕着太阳转这个问题，我就能解开这个谜。你知道吗？离太阳越近的行星，转动得越快。这事儿太让人费解了。"

"就比方说水星，它88天就能绕太阳一圈，可地球绕太阳一圈需要365天。" 卡西尼补充了一句。

"我一直在跟英国最优秀的科学家合作，但是我们还是没能弄清楚行星的运动规律。所以我到剑桥来了，来问问牛顿。人们跟我说他这人有点儿怪，总是埋头在书堆里。不过，希望他能帮我。我们马上就到了。"

"这听起来挺有意思！" 卡西尼说。

"牛顿先生，早上好！我是埃德蒙·哈雷。他们是我的朋友艾娃和卡西尼。"

"这名字可真古怪。"牛顿满腹疑虑地打量着我的机器人朋友，"你们为何来到寒舍？"

我还来不及问外公的事情，哈雷已经说开了。

"牛顿先生，我需要您的帮助。很久以来我一直在思考，为什么行星不停地转动？我想，是不是来自太阳的某种吸引力让它们一直绕着太阳转动……"

哈雷还想说，牛顿已经说开了。

"是万有引力，它使行星以椭圆形的轨迹绕太阳转动。"

牛顿指着一张图对我们解释说，

"苹果从树上落下来，我们的脚能够踩在地面上、不会脱离地球飞出去，都是由于万有引力。在我的笔记本上，我已经记下了这些描述自然规律的数学方程式。"

哈雷热切地阅读着这位年轻科学家做的笔记。

"太妙了！牛顿先生，我们应该编本书，出版您描述的这一切。我来帮您做这件事。所有的人都应该知道您的这项研究成果。"

"引力是很奇妙的。"卡西尼补充道，它没有觉察到它所说的内容要在牛顿和哈雷很久之后才被发现，"万有引力也是形成太阳的力量。45亿年前，宇宙中的所有星云团都会吸引另外的物体。这就意味着在宇宙中，不管是你的小猫、地球或者黑洞，都会被我吸引，我也会被它们吸引。听着很有诗意，对吧？"

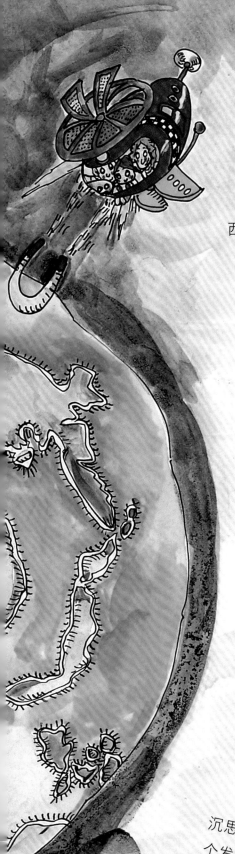

哈雷和牛顿惊奇地盯着卡西尼，我用胳膊肘顶了一下卡西尼，让它别再说了，而牛顿却接上了话茬儿。

"卡西尼，尽管你的话听起来很不可思议，不过你说的倒是跟我的发现很类似。星云团越大，我们感受到被吸向它的引力也就越大。所以，我们感到我们被引力推向地球而不是推向小猫。"

"这么说的话，我们应该被吸向太阳而不是留在地球！因为太阳比地球大得多。"哈雷跳了起来。

"我们没有冲向太阳是因为太阳离我们太远了。万有引力不仅和质量有关，也跟距离有关。物体越远，引力越小。虽然太阳比地球大，但是我们离地球更近。所以我们踏踏实实地踩在地球上呢！"

"万有引力真神奇……好像它影响了宇宙中的一切。"哈雷陷入了沉思，"那么，彗星出现在天空肯定也是受到了万有引力的作用。这个发现真是太奇妙了！"

哈雷彗星

古人认为彗星会带来噩运。不过，由于有像哈雷一样的科学家们的努力探索与求证，现在我们知道了噩运之说根本就是无稽之谈。

彗星（comet）这个词来源于希腊语，其含义是"毛发"。它的名字特别贴切，因为当它飞过我们头顶的夜空时，看起来就像是一缕银色的发丝。

事实上，彗星是由冰和岩石构成的太阳系小天体，它们绕着太阳转动。哈雷彗星也绕着太阳转。

彗星在远离灼热的太阳时，成为由气体和尘埃组成的雪球。当它靠近太阳、被太阳风刮到时，雪球的一部分会被风带出来，形成特有的美丽的尾巴。

哈雷彗星是一颗巨大且明亮的彗星，是仅有的几颗能被肉眼观测到的彗星。哈雷发现，我们人类历史上看到过的大部分彗星其实是同一颗。哈雷彗星跟其他的行星一样，也绕着太阳运行。因此，它每隔75年就会出现在我们的天空中。它最近一次对地球的访问发生在1986年，所以它下一次出现的时间将会是2061年。

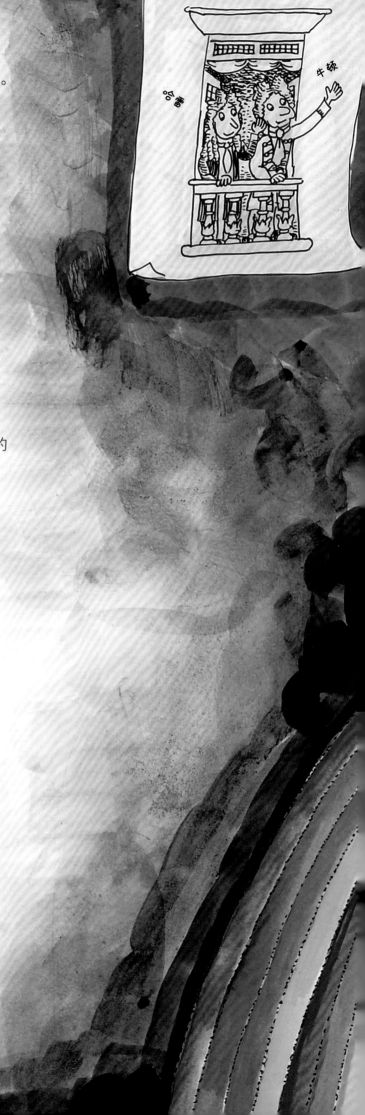

"对不起，我不得不在这样一个重要的时刻打断诸位。我想问您一下，您有没有见过我的外公？他叫莱昂纳多。"

"当然见过。"牛顿回答道，"我跟你外公谈万有引力谈了很长时间。不过，我最后一次见到他的时候，他对找金子发生了兴趣。似乎他的最新发明需要用到金元素。我花了很多年的时间研究炼金术，这是一门古老的学问，能帮助我们把金属变成黄金。但是，我还没能成功，所以我帮不了他。但我得知，他最近要沿着彩虹寻找金子。你知道，有一个爱尔兰传说里提到：如果你设法走到彩虹的尽头，你会发现一个拉布列康精灵，它是守护着一大锅金币的精灵。"

"谢谢您的帮助。"

我们告别了牛顿和哈雷，不过，我们还是没有找到继续前行的确切航线。

"我觉得我们应该相信牛顿，沿着彩虹前行。"卡西尼很有把握地说。

"你真的相信莱昂爷爷是去彩虹的尽头找拉布列康精灵去了？"我问卡西尼，"我们怎么才能到那儿呢？"

"你忘了吗？宇宙蛋的好奇心和想象力不分伯仲。一切皆有可能，找到拉布列康精灵并非全是梦话。"

给宇宙蛋设定好了程序，我们竟然真的到达了彩虹的尽头，并找到了拉布列康精灵。它看起来就跟一个小老头一样，但是我们预想的装满金子的大锅却连影子都没有见到。

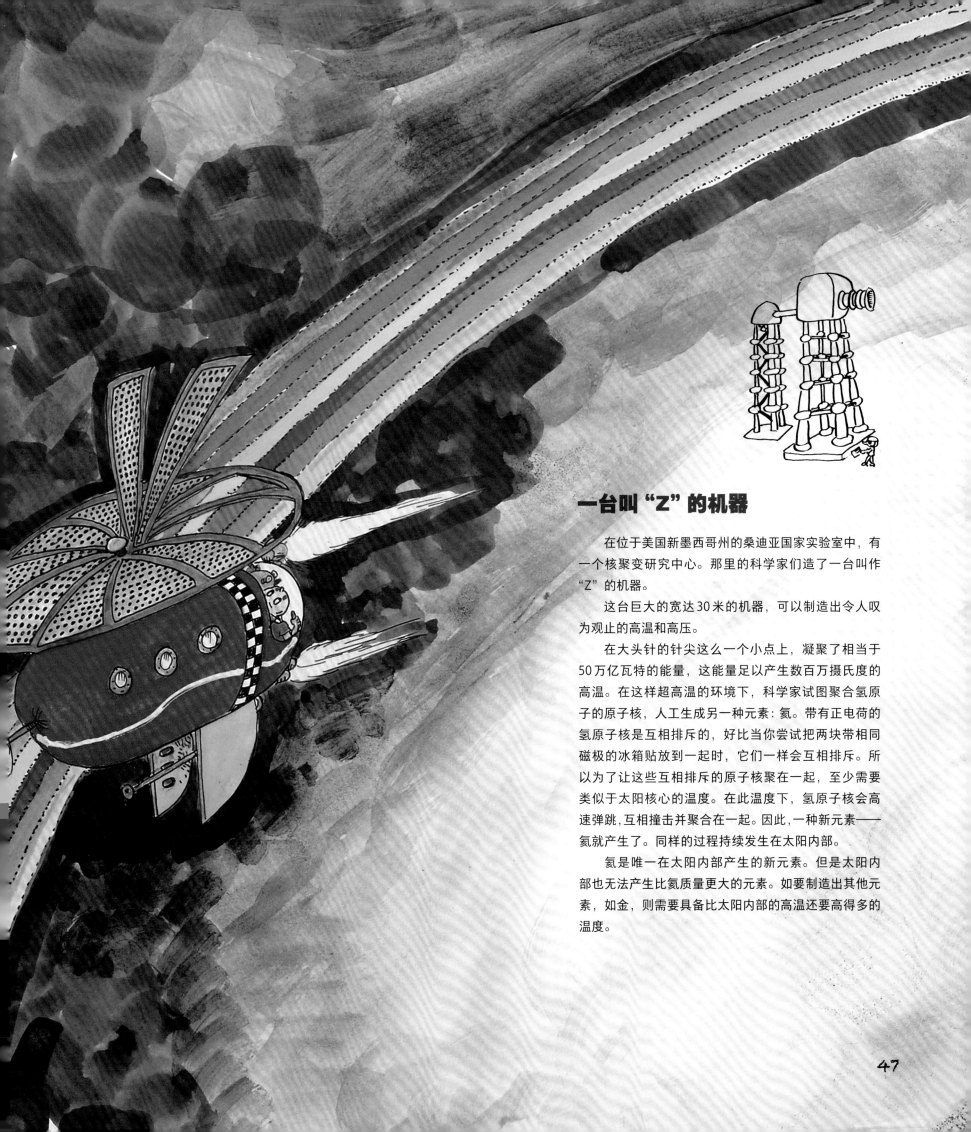

一台叫 "Z" 的机器

在位于美国新墨西哥州的桑迪亚国家实验室中,有一个核聚变研究中心。那里的科学家们造了一台叫作 "Z" 的机器。

这台巨大的宽达30米的机器,可以制造出令人叹为观止的高温和高压。

在大头针的针尖这么一个小点上,凝聚了相当于50万亿瓦特的能量,这能量足以产生数百万摄氏度的高温。在这样超高温的环境下,科学家试图聚合氢原子的原子核,人工生成另一种元素:氦。带有正电荷的氢原子核是互相排斥的,好比当你尝试把两块带相同磁极的冰箱贴放到一起时,它们一样会互相排斥。所以为了让这些互相排斥的原子核聚在一起,至少需要类似于太阳核心的温度。在此温度下,氢原子核会高速弹跳,互相撞击并聚合在一起。因此,一种新元素——氦就产生了。同样的过程持续发生在太阳内部。

氦是唯一在太阳内部产生的新元素。但是太阳内部也无法产生比氦质量更大的元素。如要制造出其他元素,如金,则需要具备比太阳内部的高温还要高得多的温度。

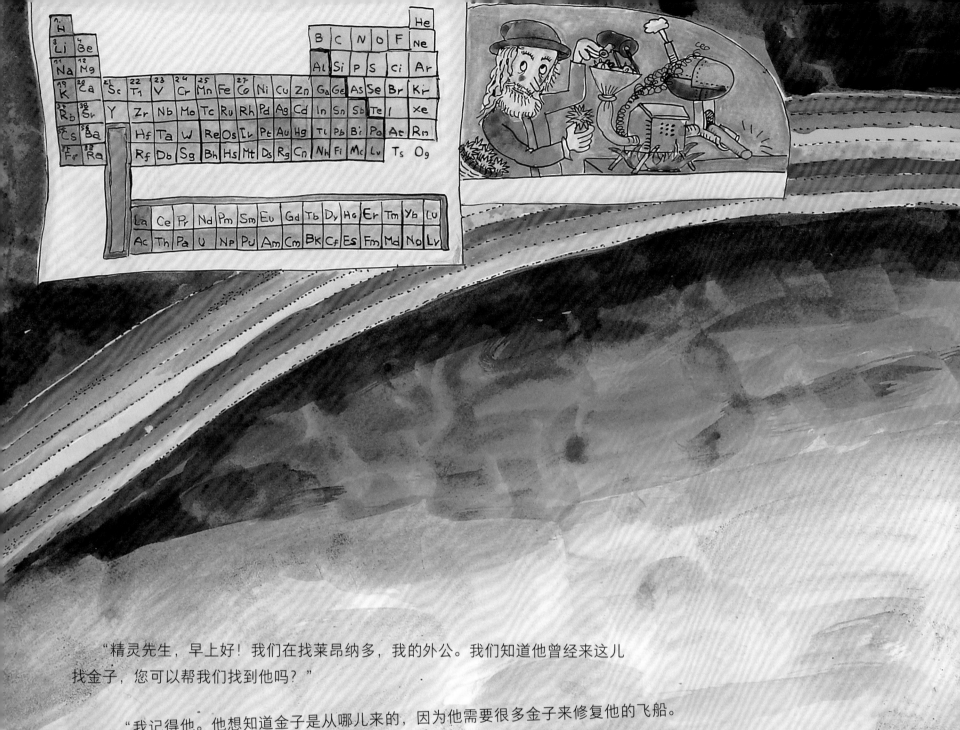

"精灵先生，早上好！我们在找莱昂纳多，我的外公。我们知道他曾经来这儿找金子，您可以帮我们找到他吗？"

"我记得他。他想知道金子是从哪儿来的，因为他需要很多金子来修复他的飞船。我告诉他，为数不多的天然元素构成了我们生活的世界。"

"已有超过90种的天然元素了。"卡西尼激动地解释说，"从最轻的氢，到最重的铀。我们周围看到的世界就是它们相互结合的结果。"

"金元素也是其中的一种元素。"拉布列康精灵接着说，"我喜欢收集这种元素，不过，不太容易发现。"

"牛顿跟我们说，他不但是个科学家，也会炼金术。"我对拉布列康精灵说，"炼金术就是想方设法把其他金属变成金子的一种方法。牛顿很聪明，没准儿他已经找到方法了……"

　　"不可能！"拉布列康精灵笑了，"炼金术士从来也没有找到把不是金子的金属变成金子的方法。现代科技也无法做到。要创造出这种元素，需要一种超能量。可是你想想看，连太阳都没有足够的能量来产生金元素。"

　　"那金子是从哪儿来的呀？"我追问道。

　　"神话故事中总是蕴含着深刻的智慧，关于我们拉布列康精灵和精灵们珍爱的传说也不例外。所以，关于金子的线索，就隐藏在彩虹的七种颜色之中。第一个发现这个现象的是约瑟夫·冯·夫琅和费；一个德国科学家，他也是分光仪的发明者。如果你们想去的话，我可以搭乘你们神奇的宇宙蛋，一起去拜访他。没准儿他还可以告诉你们莱昂纳多到哪儿去了。"

　　"太好了！"卡西尼回答说，"我们去1814年，去拜访夫琅和费。"

4. 我们是星星的尘埃

我们来到了夫琅和费的实验室，他正在摆弄一些镜片，自己造彩虹。拉布列康精灵跟我们道出了它认识这个地方的缘由。

"有一天，夫琅和费把太阳光的七种颜色给分开了，在实验室里造出了一个彩虹。当然，只要有人做出一个彩虹，就会随之出现一个拉布列康精灵。所以，我就这样跟夫琅和费认识了。"

夫琅和费看到小精灵，马上像见了老朋友一样跟它打招呼。

"你好！你的这些同伴叫什么？"
"我叫艾娃。它是卡西尼。"

"你是莱昂纳多的外孙女？"

"是的。"我激动地回答道，"您认识我外公？"

"当然了，艾娃。他经常跟我说起你。我们最近在一起的时候，发现了一些稀奇的东西。当时我们突发奇想地用这组仪器观察彩虹，在七种色彩中观察到了一些奇怪的东西：一些暗色的线条总是出现在同样的位置。莱昂走了以后，我一直在彩虹的七彩色带上画这些暗线，已经画了574条了。"

"这些暗线有什么含义吗？"我一边观察着画上的彩虹，一边问，"这些暗线跟金子又有什么联系呢？"

大家都沉默了。

"夫琅和费穷其一生都将无法解开这个谜底。"拉布列康精灵说。

"你真烦人！"这位科学家回敬了一句。

"哦！"卡西尼惊呼了一声，"我想起来了。这些暗线在后来被称为夫琅和费线。每一条线对应一个不同的元素。"

"夫琅和费画的彩虹色的光谱是基于太阳光光源。他画的暗线指出了太阳的组成元素：钠、氢、铁和其他元素，比如金元素。"卡西尼补充说，"同样，如果利用夫琅和费的这个仪器，研究到达地球的来自其他星球的光，我们也一样可以得知这些星球的组成元素。夫琅和费为光谱学的发展做出了巨大贡献，这台由他发明的光学仪器，我们称之为分光仪。"

夫琅和费光谱

让钠元素在光源下燃烧，假设光源是太阳。我们观察穿过钠火苗的这束光源，当借助棱镜将这束光分成七种颜色时，我们会看到在红色和黄色之间有一条暗线。这条暗线表明了钠元素的存在。在夫琅和费光谱中，一条暗线出现在该元素的相同位置。因此，我们知道，太阳也含有钠。

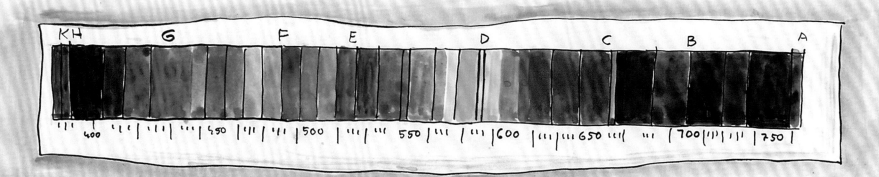

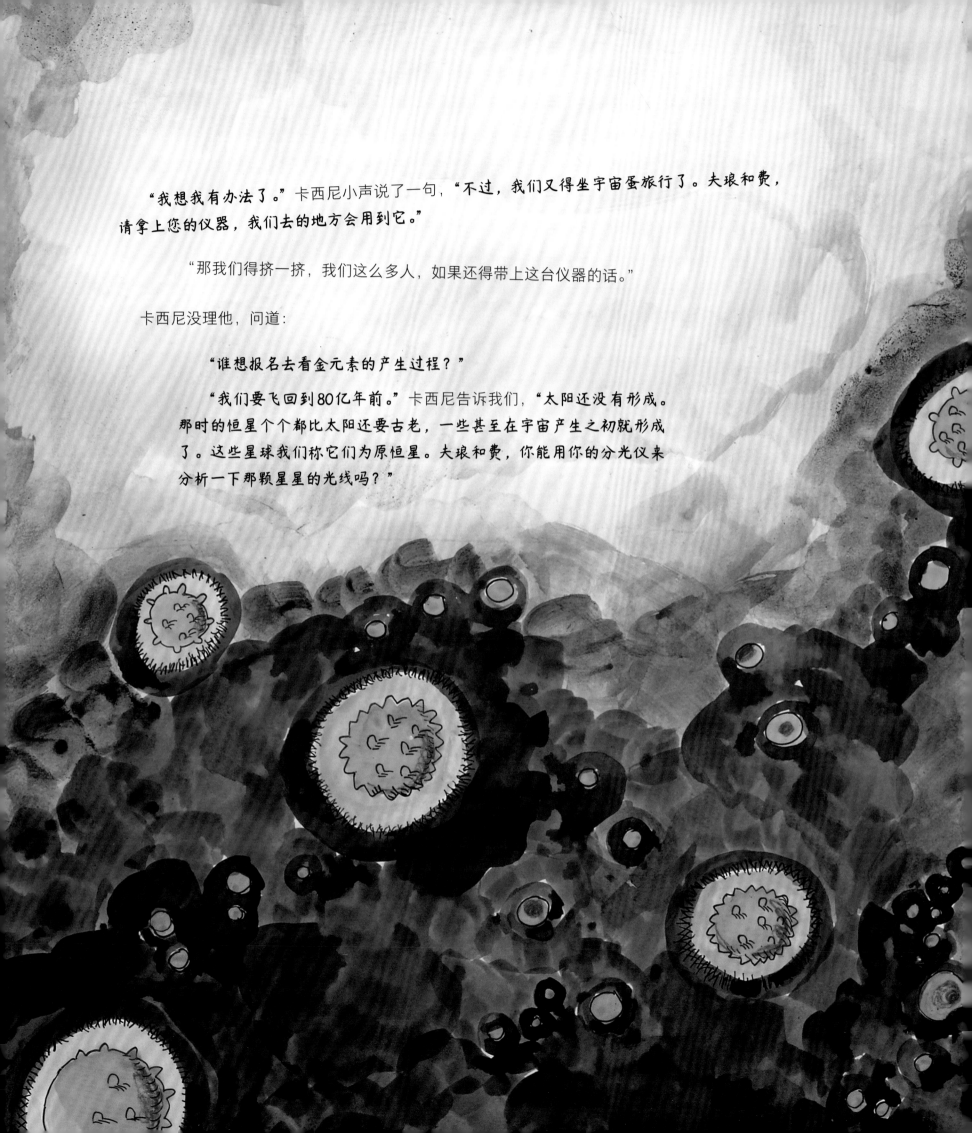

"我想我有办法了。"卡西尼小声说了一句，"不过，我们又得坐宇宙蛋旅行了。夫琅和费，请拿上您的仪器，我们去的地方会用到它。"

"那我们得挤一挤，我们这么多人，如果还得带上这台仪器的话。"

卡西尼没理他，问道：

"谁想报名去看金元素的产生过程？"

"我们要飞回到80亿年前。"卡西尼告诉我们，"太阳还没有形成。那时的恒星个个都比太阳还要古老，一些甚至在宇宙产生之初就形成了。这些星球我们称它们为原恒星。夫琅和费，你能用你的分光仪来分析一下那颗星星的光线吗？"

　　"我这就测，卡西尼。"夫琅和费仔细分析了光源之后，接着对我们说："这些恒星上只有两种元素：氢和氦。它们跟太阳十分不同，太阳由很多种元素组成。"

　　"还是没有金子的踪迹。"拉布列康精灵抱怨了一句。

　　"所有这一切都证实了我的理论。"卡西尼说，"跟现在的情况不同，宇宙刚刚诞生的时候，只存在着极少数的元素。元素太少了，不足以形成像地球这样的行星。"

　　"那么形成太阳的所有这些元素都是从哪儿来的呀？"我问卡西尼。

　　"当一颗恒星死亡的时候，它的尘埃和气体会飘散在宇宙中。这些残留物会重新汇聚并形成新的恒星。在这个过程中，会产生新的物质，比如那些我们熟知的元素。太阳系正是由此产生的。"

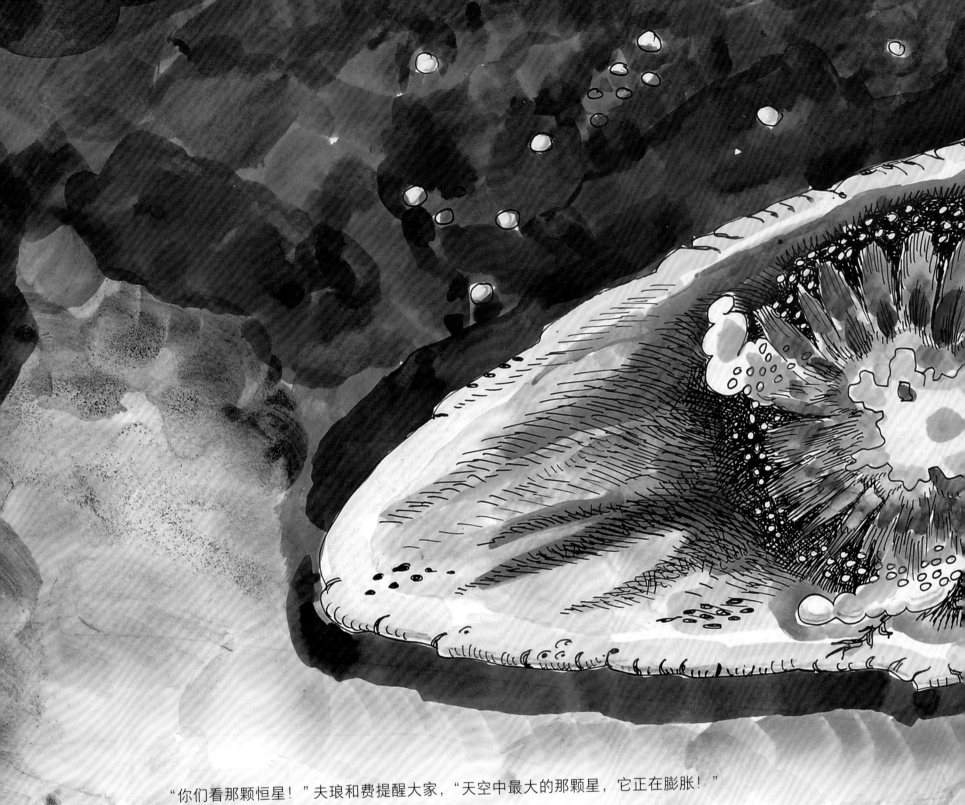

　　"你们看那颗恒星！"夫琅和费提醒大家，"天空中最大的那颗星，它正在膨胀！"

　　"巨型恒星消亡时会伴随着大爆炸。"拉布列康精灵解释道，"一颗超新星。我想我们马上就要看到一颗恒星的消亡过程了。"

　　"大家注意了！"卡西尼说，"一颗衰老的恒星会逐渐耗尽它的能量。当一颗恒星所有的氢元素变成氦元素，它就会变得越来越大。恒星内部的温度也就会升得越来越高。同时，新的元素就产生了。你们看到了吗？它正在变大。"

　　这颗恒星膨胀得越来越大，已经无法再继续膨胀了。这时，随着一声大爆炸，它的生命结束了。我们都被宇宙中这一巨大的爆炸声吓了一跳，赶紧把自己藏了起来。

"夫琅和费，快用你的分光仪测一测大爆炸产生的灰尘和气体发出的亮光。"卡西尼说。

"马上！看，所有的暗线都出现了！"这位科学家兴奋地喊着。

"爆炸产生了巨大的能量，因此生成了形成地球的90多种天然元素。"卡西尼解释说，"马上这些元素就要四射到宇宙各处了。"

"那就是说，世界上的元素都是巨型恒星爆炸的结果，"我说道，"金子也是这么产生的？"

"确实如此。不过，还没有结束呢！"拉布列康精灵插了一句，"你们看那儿，看刚才那颗原恒星所在的地方。你们看到那颗消亡的恒星产生的尘埃和气体形成的云团了吗？一个星云刚刚诞生了。"

"云层中那个明亮的小点是什么？"

"那是死亡恒星的中心部分。它已经变得很小了，缩小成半径只有几千米的大小，缩成了中子星。不过，它虽然很小，组成它的物质密度却很大。假如你从这颗中子星上取一小勺这种物质，它们可重达10亿吨。"

"你们看！"夫琅和费叫道，"看那边，有另外一个一模一样的亮点。是一颗新的中子星吗？"

"正是。"卡西尼回答说，"大家抓好了。我们又要见证宇宙大爆炸了。"

两颗中子星中的一颗相互绕着另一颗转，越来越近，越来越近。它们好像携手在宇宙中跳舞，最终，一颗撞上了另外一颗。

"撞击发生时的中心温度高达1万亿摄氏度。"卡西尼大声说着，"几乎是宇宙中最高的温度。所以是产生新元素的大火炉。"

"我感觉到热气了！"拉布列康精灵激动万分，"金子！正在生成大量的金子！"

"快点儿，艾娃！我们得抓紧时间收集金子！尽可能多收集一些金子来修复宇宙蛋。中子星的碰撞会产生黑洞。我向你们保证，你们不会希望看到它的。"

于是，宇宙蛋伸出了一个巨大的捕蝶网，收集到了大量的金子。

"我们安全了，远离黑洞了。"卡西尼告诉我们。

"我们弄到金子了！"我高兴得大叫着，"有了这些宝贵的金子，宇宙蛋就可以正常运作啦！"

"你们太幸运了！"拉布列康精灵说道，"金子珍贵是因为中子星的碰撞是很稀有、不常见的。所以金子数量有限，因此也很宝贵。"

"是的。这次碰撞的结果就是产生了太阳系。"卡西尼大声地宣布，"由此形成了太阳和地球。而我们，也是恒星死亡时产生的物质所形成的。我们传承了138亿年前宇宙给予的馈赠。好了，现在是我们返回的时候了。"

"艾娃，你怎么这么严肃啊？"拉布列康精灵问我，"这是一次多么奇妙的旅行呀！"

"弄到了修复宇宙蛋需要的金子我挺高兴的。但是，还是没有找到我的外公，我感到很难过。"

"也许我可以提供点别的线索。上次莱昂纳多来我这里的时候，跟我提到了在宇宙中存在着一些质量无限大的庞然怪物。人们称它们为黑洞。"夫琅和费补充道。

"哦！"拉布列康精灵惊呼起来，"从黑洞里喷发出来的金子，要比恒星的碰撞产生的金子多得多。但是要去那儿收集金子可是太危险了。"

"希望莱昂纳多没有突发奇想去钻黑洞。"卡西尼伤心地说。

"你们放心，莱昂纳多不会去黑洞的。他跟我说要搞清楚黑洞，得去拜访一个叫阿尔伯特·爱因斯坦的人。"

"那个地方我们可以去。"卡西尼松了一口气，"我们走吗，艾娃？"

"夫琅和费先生、拉布列康精灵，很高兴认识你们。希望我们还能再见面。"

恒星的寿命

　　恒星是由星际尘埃云和气体产生的。星云因巨型恒星爆炸而产生，形成了诞生恒星的摇篮。大量的星云尘埃和气体汇集的地方，正是形成恒星的理想场所。在那里，万有引力聚集星云尘埃，并把它们加热到足够高的温度，这时恒星就诞生了。在一段时间内，这些新生的恒星通过核聚变反应消耗其自身的燃料：氢气。而核聚变反应产生的能量又把气体往外推，抵消了万有引力把它们聚拢在一起的力量。因此，恒星持续保持着活跃的状态。然而，当能量储备用完时，恒星便熄灭了。核聚变开始消失，而万有引力又占了上风，于是恒星死亡。

　　恒星的大小，决定了它死亡的方式。

　　大的恒星死亡时，伴随着极其明亮的爆炸，形成超新星，随后，这些星体的核心部分被压缩成质量极大的中子星。如果这些恒星比太阳大十倍或更多时，万有引力也会变得十分强烈，甚至由这些大恒星形成的中子星都会因此崩坍。于是，黑洞——宇宙中最奇怪的天体出现了。

　　小的恒星，像我们的太阳，会从巨大的红巨星变成白矮星。我们的地球，在50亿年之后也有可能会随着恒星太阳一起消亡。不过，距离地球的消亡还要经过很多年。那时候，人类肯定已经拥有了新的技术，可以在其他星系的合适的行星上开垦自己的新家园了。

5. 星系中的超高质量大怪物

"我们到达美国了。来到了1943年的普林斯顿大学。瞧，那儿是爱因斯坦的家。我想坐在门廊里的应该是他。"

"年轻人，你们好！"爱因斯坦跟我们打招呼，"我还以为我再也见不到这艘神奇的飞船了。莱昂纳多在哪儿？"

"您好！我是艾娃，它是我的朋友卡西尼。"我彬彬有礼地回答这位闻名遐迩的科学家，"我们来您这儿就是为了打听一下我外公的下落。"

"我上次见他的时候，他兴致勃勃地和我探讨了关于黑洞的各种知识。"爱因斯坦回答道。

"我希望莱昂爷爷没有真的想去某个黑洞看一看。"

"我并不认为黑洞真的存在。"爱因斯坦说，"这是我用相对论方程式算出的结果。"

"相对论！特别令人费解的理论，对吧？"我问。

"没那么难。让我试着用简单的方式给你解释一下。当你打开开关时，好像灯当时就亮了。事实上，光是以每秒30万千米的速度前进的。但是，即使如此之快，光仍旧需要时间来到达我们的眼睛。例如，太阳光大约需要8分钟的时间抵达地球。因此，如果我们用护目镜看太阳，我们看到的是8分钟之前这个巨大球体的图像。如果宇宙魔术师让太阳现在消失，我们会在8分钟之后才意识到！"

"但如果太阳消失，会有大灾难的。"我插了一句，"牛顿告诉我们，太阳系的行星围绕太阳转动是因为太阳引力的作用。如果魔术师绑架了它……我们会立刻偏离轨道的！"

"牛顿说得不对。其实宇宙是时间和空间交织在一起的一个编织物。你可以把它想象成一个软的床垫。如果你躺在你外公的旁边，因为他比你重得多，他那边的床垫就会下沉得多一些，你会无意中向他滚动。太阳也以同样的方式改变空间和时间这一整体，这一整体就像是宇宙床垫，太阳扭曲了时空，周围便吸引来各种行星。"

"那么，如果按牛顿之前说的，在陷入黑暗之前，我们就会偏离轨道飞出去，这又是怎么一回事儿呢？"我满是迷惑地问爱因斯坦。

"这个问题问得好，小科学家。万有引力也不是瞬时的，而是以光的速度传播。这是我的广义相对论中的内容。"

"如果魔术师让太阳消失了，"卡西尼接着说，**"行星和地球也不会当即就飞离轨道。"**

"你说得对，年轻人，"爱因斯坦表示赞同，"因为还有引力波。引力波的速度与光速相当，好比你往平静的湖面扔了一块石头，水面会荡起波纹。如果太阳消失，发生的事情也与此类似：在引力波到达地球之前，我们是不会脱离轨道的。"

"我得告诉牛顿。"我心想，"下次去告诉他吧。"

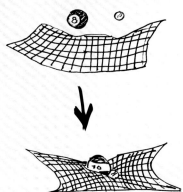

自己创建
一个 "黑洞"

要搞明白黑洞是怎么一回事儿，你只需要弹力网、台球，还有玻璃弹珠。

你需要跟别人一起把弹力网撑开，把它拉伸成一个平坦、紧绷的方形。

把玻璃弹珠放在上面，看看它是如何在网面上移动的。

然后把更重、更大的台球也放上去。

台球因为更重，它下方的网就下沉得更多，所以，如果玻璃弹珠离它足够近的话，就会顺势靠近台球，掉进因台球下沉而形成的锥形凹陷中。

"所有这一切，"我问道，"跟黑洞又有什么联系呢？"

"我们已经看到了，太阳会扭曲这个时空编织物。如果不是太阳，而是有一个比太阳更大的物体……"

"时空会扭曲得更厉害！"卡西尼总结道。

"现在，假设我们把一个密度极高的物体放在上面，这一如编织物般的时空会下沉得很厉害，形成一个深深的坑洞，这也就是我们所说的'黑洞'。就像排水孔一样，或者像瀑布那样，一切物体都会随着水流掉下去。所以，你现在可以想象一下黑洞周围的物体会发生什么。"

"就像是划独木舟的人，当他在流速过快的河流中划桨逆行时，"爱因斯坦解释说，"他会被拖入瀑布。黑洞也一样。在某个点上，就如同河上的船会被瀑布拖下去一样，你也会被黑洞吸进去。"

"万有引力也一样。它会变成强大的流体，物体根本无法摆脱它。"我大声说出了我的想法。

"是的。人们称它为'视界'（这里指人们依旧可以观察到的黑洞的边界），一旦越过此界限，便踏上了不归路。没有什么东西可以从黑洞逃脱，甚至连光也无法逃逸。"

"天呐！"我惊呼道，"莱昂爷爷跟我说过，光速就像是宇宙的一个极限，谁也超越不了。没有什么东西比它的速度更快了。"

宇宙速度极限

　　光速是宇宙中物体运动的速度极限，宇宙中没有其他物体可以超过它的速度。超过光速在理论上是不被允许的。

　　这让我们想起了爱因斯坦著名的相对论：当你接近光速，时间会伸展而物体会收缩。你的速度决定了时间会流逝得更慢或更快。你的速度越快，时间走得越慢。一个正在运行的时钟走得比停止不动的时钟慢。而这种情况会发生在所有的钟表上，包括你的心跳。如果你驾驶的飞船速度达到光速的99％，你的寿命几乎将会是地球其他人的7倍，但是你不会意识到这一点。如果你一年之后回来，你会看到，地球上的人已经过了7年了。

　　不过，我们并不需要星际旅行才能体会相对论的影响：如果我们坐飞机从巴黎前往纽约，下飞机的时候，我们将比留在巴黎的朋友多了一千五百万分之一秒的寿命。

"你明白了吗？"爱因斯坦接着说，"没有任何东西可以逃脱黑洞！这是最安全的宇宙监狱。如果你太靠近它们中的一个，你将会被以难以置信的速度瞬间吸进去！你的双脚会感到巨大的吸力，你的身体将被拉得比意大利面条更细长。"

"但是你无须太担心。"爱因斯坦说，"我不认为它们真的存在。"

"可是它们真的存在。"卡西尼插话了，"很长一段时间内，人们对黑洞知之甚少。人们认为它们只是宇宙中的一些威力惊人的摧毁者。但现在的科学家认为，它们有可能是银河系形成和我们存在的关键因素。"

"这些黑洞的存在怎么还会有好处呢？"

"你想一想，"卡西尼接着解释说，"月球围绕着地球转。那地球围绕着什么转呢？"

"太阳。"

"那么，如果月球绕地球运转，地球又绕着太阳转，太阳呢？"

"我被你绕晕了。"

"应该有某个强大的物体让银河系都在绕着它运行。"

"一个黑洞！"爱因斯坦激动地喊了起来。

"是的。现在我们知道，银河系中心是一个超大质量黑洞。不过，谁又有胆量去银河系中这个怪物的巢穴探访一下呢？"

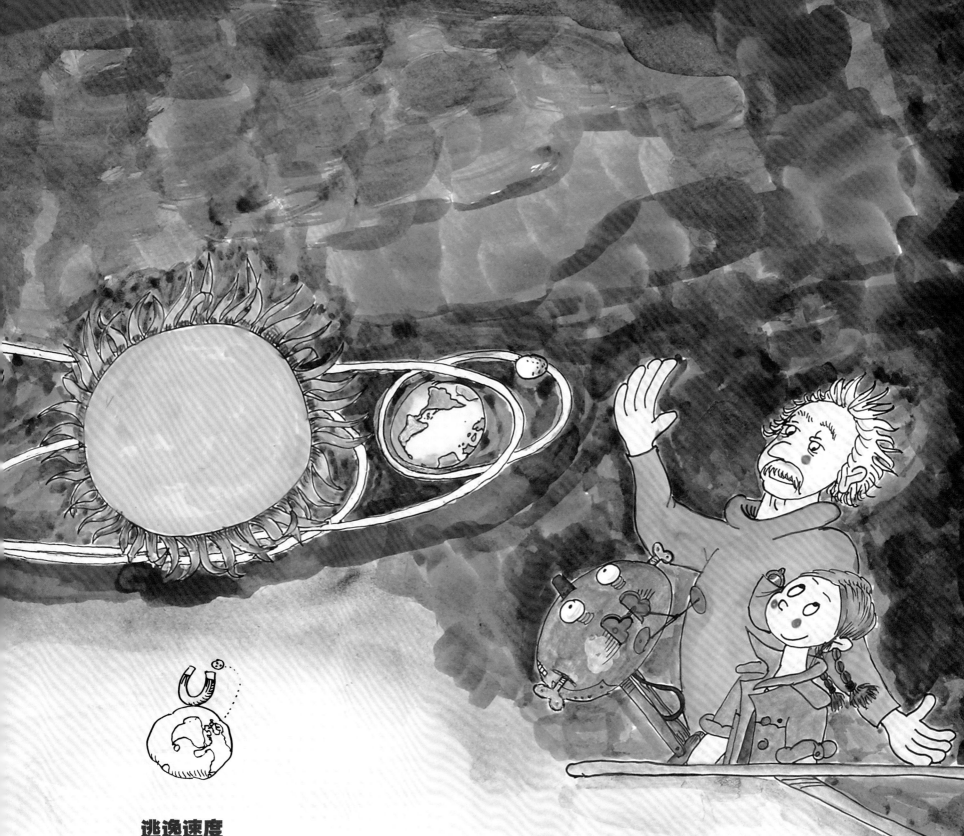

逃逸速度

　　万有引力束缚着我们地球上的所有物体。如果要让一个球逃脱这种力量并进入外太空，你需要以每秒11.2千米的速度把它抛出去。也就是说，要达到每小时40 000多千米的速度。如果你抛得慢一点，它就会因万有引力而回落到地球。宇宙中还有别的地方更加"吸引"人。星体越大，其引力也就越大。在月球上，你只需要跳到每秒2.37千米，即每小时8 500千米，就可以逃脱它的引力。这就解释了为什么宇航员在月球上可以跳得非常轻松。

　　黑洞的质量非常大，要摆脱黑洞，速度需要超过每秒300 000千米，或每小时的速度要超过10.8亿千米，即超过光速。所以，黑洞里是暗无天日的。因为，如果光线也无法从里面逃逸出来，我们自然就看不见黑洞里面是什么样子的。

"我们到了，我们现在距地球26 000光年。那儿是我们的星系——银河系的中心。"

"那片黑色区域一定是个超大质量黑洞。"爱因斯坦激动地大声说。

"是的。"卡西尼对我们娓娓道来，"这个巨大的洞比太阳要大至少10倍，质量是太阳的几百万倍。"

"地球远离银河系中心，真是好运气。"爱因斯坦说，"不过，有些人声称地球在宇宙的中心，这可真可笑。"

"银河系的中心挤满了恒星。"卡西尼说，"它们数量惊人，地球是绝无可能在那里生存的。"

"谁挖了这些黑洞啊？"我问卡西尼。

"是一些巨大的恒星，那些能量已经耗尽的红超巨星。它们比太阳大10倍还多，但寿命却要短得多。当它们衰老时，就成了超新星。超新星的所有物质都集中在几千米大小的一个球体上。"

"它们有我们前面航行时看到的中子星那么重吗？"我想起了前面的航行。

"比中子星还要重。它的引力甚至大到能够挤扁中子星。当这一切发生时，意味着一颗恒星坍缩了。这样，黑洞就产生了。"

"我们的星系中只有一个超大黑洞吗？"爱因斯坦依旧很激动。

"怎么可能呢！天体物理学家在研究整个宇宙的所有星系。他们大概已经研究了100万个星系，几乎所有大一点的星系中都有一个巨大的黑洞。"

"星系里怎么放得下这么多的黑洞？"我问。

"要搞清楚这个问题，我们需要再做一次航行……回到万物之初：宇宙诞生的大爆炸。"

"好主意，卡西尼。在大爆炸中，孕育了生命所需的所有成分，就像是炖了一锅菜，你把所有的食材都放进去，然后搅动它。"

"是谁在搅动那锅菜呢？"

"搅动这一切的就是万有引力，它慢慢汇聚了以星云形式存在的物质，使它们变得越来越稠密。由此产生了最初的大质量恒星，它们比太阳要大得多。没过多久，它们就因爆炸而形成了超新星，并产生了最早的黑洞。这些黑洞聚集了星际尘埃，把星际尘埃变成了围绕在它周围的一个个小恒星。这样，最早的星系就产生了。黑洞产生时，原始星系也形成了，它们互依互存。

"这些最早的星系之间互相碰撞，黑洞也随之合并成更大的黑洞。我们的银河系跟别的小星系碰撞以后，也变得越来越大，这一过程在几十亿年间一直在进行。"

"这真是宇宙生与死的舞蹈啊！"

"那些吸收周围气体的黑洞，我们称它们为类星体。它们是一些'肚子'里塞满了各种东西的黑洞，会喷发出构成整个星系的物质和新元素。"

"我还是不明白。"我插了一句，"不是说什么东西都无法从黑洞里逃逸吗？那么这些物质怎么又能从黑洞里跑出来呢？"

宇宙
这道大菜的
食谱

要创建宇宙，你需要下面这些材料：

一个小空间，小到大约只有质子的一万亿亿分之一；

所有物质的粒子，包括从你所在的地方一直到宇宙尽头的粒子；

一点用来搅动这一切的刚刚好的力。

步骤：

质子是原子内极小的一部分。一毫米的长度中就能容纳大约 600 000 000 000 个质子。现在，你要找的空间是一个质子的一万亿亿分之一大小的空间，真是小到难以想象。

那么，当你拥有这个空间之后，就把所有你能找到的东西都塞进去。而想要在这么小的空间里放入那么多的东西，可别忘了用漏斗哦。

现在，请远远地离开这个空间，并且掩护好你自己，因为，你已经创造了一个"奇点"。

也就一瞬间，你的这些材料开始初具规模。在开始的1秒钟内，那个刚刚好的力开始搅动一切。宇宙中的一切能量随之产生。

不到1分钟，你就拥有一个半径达1 610万亿千米的宇宙，并且这个宇宙还在持续快速地膨胀，与此同时，宇宙的温度也在骤降。当降至10亿摄氏度时，宇宙拥有了最初的几种元素：氢和氦。不到3分钟，你已经成功地创造了98%的宇宙。

你成功了！你用制作一份培根三明治的时间，创造了一个美丽的宇宙。

"黑洞吞噬着呈螺旋状运动的物质，就像是水池里的水旋转着涌入排水孔那样。"卡西尼说，"但是，黑洞周围的物质转得太快了，以至于有很大一部分无法进入黑洞。于是，它们飞离黑洞，四散开来，就像是浴缸的塞子突然被拔掉一样。此外，这些超能量又产生了新的物质。金元素就这样被源源不断地'生产'出来。"

"那我们的朋友拉布列康精灵一定会非常高兴的。"

"从某种意义来说，是这些元素创造了太阳系。"爱因斯坦继续说。

"这样看来黑洞也没那么可怕。太阳系的黑洞正是太阳系本身的创造者。"

"你说得对。但是……"爱因斯坦陷入了沉思，"怎么才能避免黑洞吞噬掉我们所有的一切呢？"

"这要看怪物想吃什么。如果星系的黑洞是明亮的，并且是类星体，这意味着它们正在大嚼大吃它们的星系。但是，我们的这个黑洞已经有很长一段时间一直处于禁食状态。也许是因为它曾经有过疯狂的青春时代，现在正在星系的养老院里养老吧。"

"它会不会再次感到饥饿呢？"我问。

"很有可能它会吞噬离它最近的物质，不过，我们仍然有可能在这场盛宴里生存。但是，更大的危险来自我们的银河系之外。因为还有一个星系正在咄咄逼人地向我们靠近，它就是我们的邻居——仙女座星系！数十亿年之后，我们将跟它发生撞击，这两个星系将融为一体。它们各自的黑洞也将合并成一个。在这一片混乱之中，我们的太阳系将被发送到更远的太空，或被黑洞这个怪物吞噬。不过，这一切要在很久之后才会发生。"

"我得感谢这次奇妙的旅程。"爱因斯坦对我们说，"现在，我们不能忽视这些黑洞了，因为它们在宇宙中扮演着非常重要的角色。它们是宇宙诞生的火苗！"

"虽然它们被叫作黑洞，然而，对于宇宙里所有会发光的物体的诞生，它们却起到了决定性的作用。它们是宇宙星系之舞的总指挥！"

"你们别急着走。之前，你的外公担心他的宇宙蛋，"爱因斯坦插了一句，"他觉得宇宙蛋有点儿不对劲，就问我要了纸和笔，写了点东西。如果我没有记错的话，是写给你的。"

"我能看一看吗？"

"当然能，只是没在我手上。"爱因斯坦难过地说，"我把纸条放在一个非常特殊的瓶子里了。你外公跟我说，有一个叫萨根的科学家负责向恒星发送信息，他想把这张纸条藏在同样的地方。我很抱歉没法儿给你们提供更多的线索了。"

"有这个信息就足够了。"我高兴地回答爱因斯坦，"这次我知道该去哪儿了。"

6. 瓶子里的信息

"萨根先生，"我叫了一声，"那是什么？"

这位科学家打开了灯，给我看了看那个箱子。

只见里面有一个手电筒。

"这是一个为孩子们设计的实验！你可以自己在家里做。先拿一个盒子，并在盒子的一面剪出一些星形小孔。接着你把手电筒放进去，把光源对准这些小孔，把其他灯关了……这时，你卧室的墙犹如夜晚的星空！"

"太好玩了！我要在家里试一试。"

不过，我马上想起来我们出现在这儿的目的了。

"我们知道莱昂爷爷有可能在哪儿了……"我迫不及待地说，"我们先去亚历山大见了埃拉托色尼，又拜访了伽利略和牛顿，之后又跟哈雷、夫琅和费和爱因斯坦见了面……"

"还见到了一个拉布列康精灵！"卡西尼补充道。

"是的，我们还见到了拉布列康精灵。见过这些人之后，线索又把我们带回到了这里。"

"太难以置信了！这么多奇遇啊！"萨根惊叹道，"我可以为你们做点什么吗？"

"爱因斯坦跟我们说，莱昂爷爷把一张给我的纸条放在一个你要发射到太空的东西里了。"

"你指的是旅行者号飞船！它不是我发送的，是美国国家航空航天局发射的。他们邀请我做一个光碟，里面要写下人类不同的文化信息，并希望能有机会把这些信息传递给飞船遇到的外星智慧生命。"

听着这一切，我呆住了。

"记录了人类不同文化信息的光盘？给外星人？是美国国家航空航天局发射的？"

萨根笑着冲我点点头。

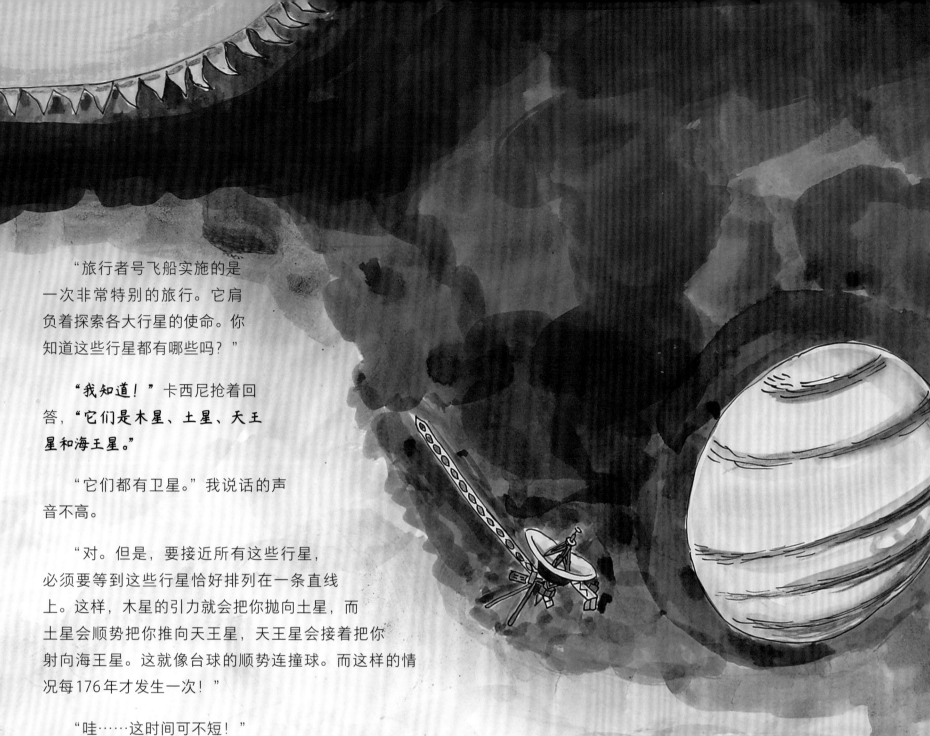

"旅行者号飞船实施的是
一次非常特别的旅行。它肩
负着探索各大行星的使命。你
知道这些行星都有哪些吗？"

"**我知道！**"卡西尼抢着回
答，"**它们是木星、土星、天王
星和海王星。**"

"它们都有卫星。"我说话的声
音不高。

"对。但是，要接近所有这些行星，
必须要等到这些行星恰好排列在一条直线
上。这样，木星的引力就会把你抛向土星，而
土星会顺势把你推向天王星，天王星会接着把你
射向海王星。这就像台球的顺势连撞球。而这样的情
况每176年才发生一次！"

"哇……这时间可不短！"

"是啊。最近的一次发生在1977年，正是发射旅行者号飞船的时间。一直要等到2153年才会再次发生同样的情况。"

"您刚才说飞船上携带了一个记载人类文化信息的光盘？"

"是的。这光盘里面不仅有照片，还包含了很多其他的东西。地球应该向外太空传递什么样的问候呢？这就像一个
装了信息的漂流瓶被扔进宇宙这一大海。后来，我们决定发送一个包含音乐和图像的光盘。我当时也是这么提议的。最后，
我们刻了一个光盘，因为大家相信，如果在宇宙中有智慧生命存在的话，它们一定会找到方法，去理解这张光盘的内容。"

"真有趣啊！"

"确实！在这张光盘里，我们用不同的语言录制了问候语，还有地球上的各种声音：雷鸣声、鸟叫声……还有各国各
民族的歌曲。我们还在里面放了许多地球和人类的影像、人类的发明，以及很多其他东西的图片。神奇吧？"

有争议的信息

在发射旅行者号飞船之前，美国国家航空航天局先发送了先驱者号探测器，来研究飞船行经的线路。那时，他们就想到了要把人类的信息发送到外太空。

因为先驱者号是首批远离太阳系的探测器，于是他们决定把一块金属板放在先驱者号上，金属板上有关于探测器和发送者的信息。但是，这一举动引发了不小的争议。许多人说这块金属板提供的信息不够清晰，不管是多智慧的外星人，都无法理解它。

有一些人对金属板上画的人类形象也颇有微词。有些人觉得他们的样子显然是西方白人，但是西方白人并不能代表所有的人。还有一些人对这些人像都是赤身露体感到不快，另外一些人感到不满的原因是跟男性的生殖器相比，女性的生殖器画得很糟糕。女性主义者则抱怨说，画中的女性姿态看起来太卑微了。

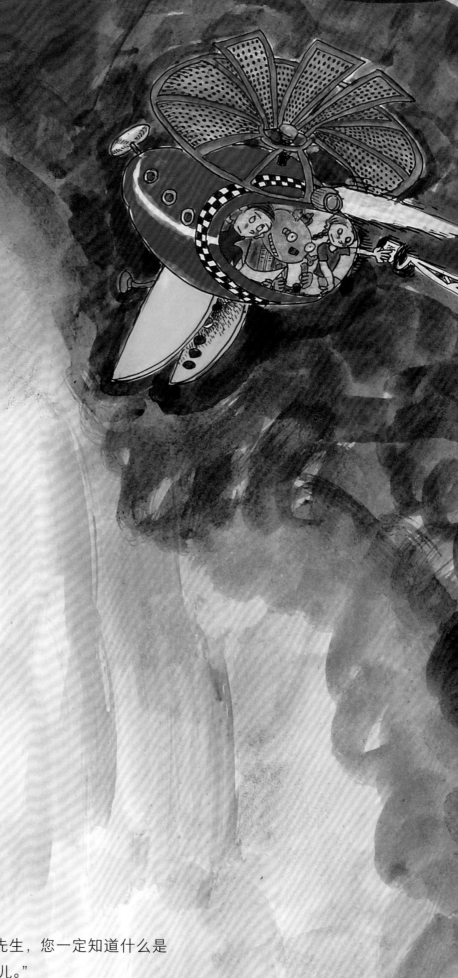

"旅行者号现在飞到哪儿了？飞船上有莱昂爷爷留给我的信息。"

"那你们需要前往星际空间。"卡尔·萨根笑着说。

"是《星球大战》里提到的地方？"

"是的。事实上，这部电影上映与旅行者号发射正好是同一年。"

"我马上给宇宙蛋设置程序。"卡西尼兴奋地说。

我们又来到了宇宙深空。到达目的地之后，我们发现了旅行者号飞船，它正孤独地在黑暗中游荡。船上应该装着我外公的消息。

"你再靠近一点，卡西尼。"

"我正在努力呢！但是必须避免撞到它。我可不喜欢留在星际空间。"

"快看，在那儿！莱昂爷爷的纸条在那儿！在天线那儿挂着呢！卡西尼，我们怎么拿到它呢？"

"这事儿交给我！"

突然，宇宙蛋伸出了一把钳子，拿到了外公的纸条，并把纸条靠近了宇宙蛋的玻璃舱，上面的信息是这样写的：

我在万物之初，本书之末尾。

"我们终于接近谜底了。萨根先生，您一定知道什么是万物之初，也知道怎样才能去到那儿。"

7. 宇宙历

"来，我们先看看这个。宇宙有138亿年的寿命。"卡尔·萨根向我
们解释道，"这么长的寿命，理解起来很费劲。所以我发明了这个宇宙历。
我把从古至今的所有时间压缩成了一年的长短。"

"这儿是起点，对吗？"

"对。"萨根回答道，"我们的历史从宇宙大爆炸开始。大爆炸发生
在宇宙历的1月1日，宇宙由此诞生。我们在这儿，是在12月31日的
午夜时分。每1个月大致相当于10亿年，1天相当于约4000万年。"

"人类的整个历史是处于宇宙历的最后21秒。"

"哇！"我惊呼了一声，"也就一瞬间！"

"从面积来看，宇宙历的大小如同一个足球场。而人类的历
史只相当于我手掌的大小。"

"从宇宙的规模看，我们什么都不是……"我忽然有些沮丧。

"我们还是回到1月1日。大爆炸其实是宇宙在短时间内的急剧膨胀，不是爆炸。如果你
想理解这一切，你先拿一个气球，用记号笔在上面画几个点。现在给它充气。球面开始扩大，
你刚才画在气球上的点彼此之间也离得越来越远。你可以想象这些点就是星系。如果你就处
在其中的一个星系，你会看到你周围的一切正在离你远去。"萨根总是很有耐心。

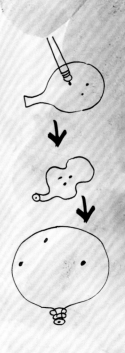

"真好玩！那些恒星随即就出现了吗？"

　　"不是这样的。大爆炸之后，宇宙冷却了下来，陷入了长达2亿年的黑暗期。万有引力逐渐把最早出现的气体和尘埃粒子汇聚到一起。于是，在1月10日时，形成了第一代恒星。恒星之间开始聚拢，1月13日最早的星系诞生了。"

　　"我们银河系是什么时候出现的？" 我一边问一边走近去看宇宙历。

　　"还没有出现。我们的银河系要在宇宙历的3月15日才诞生，也就是110亿年前。"

　　"那太阳呢？"

　　"我们得等到8月31日才能看到太阳的诞生，是在45亿年前。几天后的9月初，地球出现了，随之诞生的是伴随着我们的月球。"

　　"那么，从9月起，我们就已经存在了？"

　　"还没有，小姑娘，还要等很久。9月25日开始，地球上开始有了生命，但还远非我们人类，它们只是一些细胞而已。

"需要等到11月9日才形成地球上最早的微生物。它们开始移动、呼吸和繁衍。"

"它们在哪里生存？"

"生命的最初形式存在于水中。直到12月17日最早的一批生物才从水里出来。它们是最早的两栖动物。植物也开始在地球的陆地上生长。直至上周，才出现森林、昆虫、恐龙，以及最早的哺乳动物和鸟类。12月28日，地球上突然变得五彩缤纷。"

"发生什么事情了？"

"最早的花朵盛开了。"

"多么美好的一天啊！不仅仅是因为斑斓的色彩，更是因为我们的地球突然充满了美妙的芳香。"

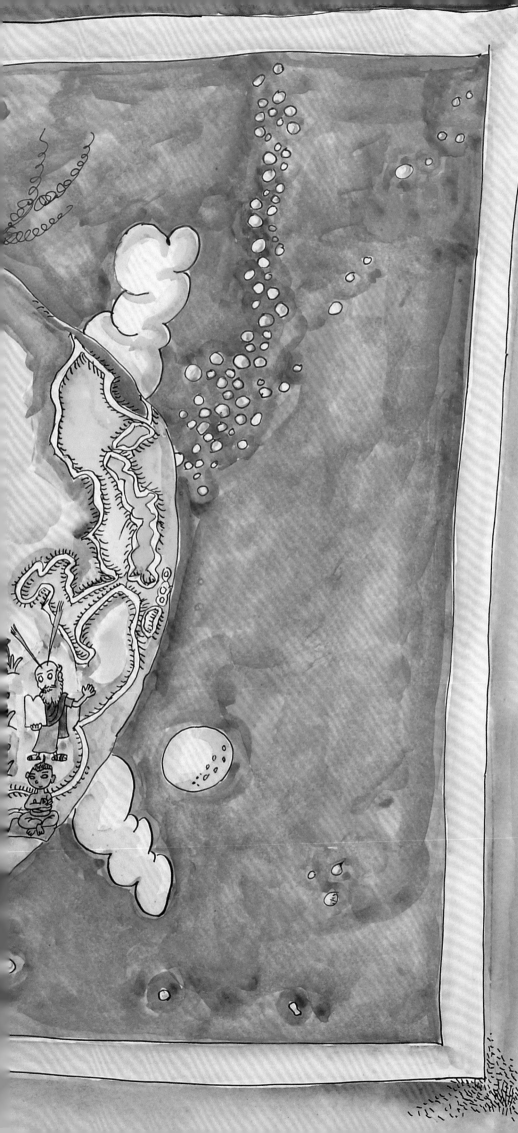

12月30日6时24分，灾难降临。一颗小行星撞击地球，毁灭了恐龙。

"这些可怜的恐龙……"

"是挺可怜的。不过，如果不是这样，哺乳动物可能就无法生存了。我们人类甚至也不会有机会出现在地球上。"

"那么，我们人类已经出现了？"

"12月31日14时24分，最早的类人猿出现了。等到22时24分，早期原始人类诞生。23时44分人类开始认识并使用火。在23时59分32秒的时候，人类才开始有了农业。"

"这太令人难以置信了！我们今天拥有的文明，都是在宇宙历最后一天的最后一个小时取得的。"

"我们人类一切有记载的历史差不多仅占宇宙历的14秒。就在那段时间里，人类发明了文字。哥伦布在大约倒数第2秒的时候发现美洲。最后1秒钟，现代科学诞生了，这使我们可以借助于伽利略的望远镜观测月亮，并在之后实现登月旅行。我们是宇宙了解自身的一种形式，而所有这一切都在一呼一吸的瞬间发生！"

不过对我来说，已经很久没有见到外公了。我又看了看他留给我的
纸条，他告诉我们要去"万物之初"，他会在那儿等我们。

看了宇宙历之后，我已经明白了。我知道外公在哪儿了，
他就在1月1日零点时分的宇宙之初等我们。

"去那儿的事就归我负责了。"卡西尼带着胜利的口吻说，
"我设定好宇宙蛋的程序之后，它就会带我们去那儿了。"

"一路小心。"萨根拥抱了我，并跟我们道别，
"还没有科学家能够到达宇宙之初的零点呢！"

"谢谢您，卡尔。我们会一直记着您的。"

推

"莱昂爷爷，我们终于找到你了。"

"你们成功了。"外公激动地跳了起来，"艾娃，我就知道你们一定能找到我！"

卡西尼也兴奋地在外公周围一蹦一跳。

"艾娃，我们坐宇宙蛋回家吧。你要详详细细地告诉我你所有的冒险经历。"

"好的。但是，我们现在得先下楼去吃肉卷，不然该凉了。"我想起了外婆的命令，"卡西尼，带我们回书房吧，回到妈妈叫我们吃早饭而我们开启宇宙征程的那一刻……"

致　谢

　　每一个美好故事的背后都藏着一个充满智慧的仙女。《宇宙的征程》的仙女很特别，她叫贝奥妮·埃雷拉。是她点燃了"火种"，引发了"大爆炸"，之后才有了这本书。谢谢你的慷慨，没有你，这本书也不会存在。

　　谢谢玛格·莎拉，你是我们天空中最亮的星。你带给我们光亮和温暖，也给了我们推动这个美好项目的力量。

　　感谢桑德拉·贝纳德斯，你是我们的月亮女神。你的笔触充满细心和无限的爱，让这本书变得精致优雅。

　　感谢桑德拉·布鲁纳和她的明星团队，因为你们，我们在星空中得以走得更远。

　　感谢尤兰达·巴塔耶，我们如宇宙一般强大的编辑，你比上千个太阳还要强大和明亮。

　　感谢大卫·蒙塞拉特，还有加莱拉出版社，你们的"银河系"里星光璀璨，跟你们的团队合作是一种快乐。

　　感谢阿尔伯特，你一直在路上指引着我们，启发着我们。感谢你那充满爱与智慧的光芒。

——索尼娅、皮拉林和弗兰塞斯克

索尼娅·费尔南德斯-比达尔

物理学博士，毕业于巴塞罗那自治大学。博士论文的研究方向是信息和量子光学。她曾在欧洲核子研究中心、美国洛斯阿拉莫斯国家实验室和位于西班牙的光子科学研究所等地工作或参与项目合作。目前就职于巴塞罗那自治大学。

在学术研究之外，她也热爱教育，不但在大学，也在继续教育中心授课，并长期坚持科普创作。她撰写的小说《三把锁的门》获得了巨大的成功，迄今已售出数十万本。

弗兰塞斯克·米拉列斯

记者，精通心理学和心理活动的细腻描写。此外，还专注于夏尔巴文化研究，已创作多部小说。

他已获得四个文学奖项，是西班牙传播领域的标杆人物。

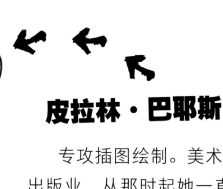

皮拉林·巴耶斯

专攻插图绘制。美术专业毕业之后立即作为插画师进入出版业，从那时起她一直没有停止过绘画。迄今为止已经出版900余本图书。她是西班牙读者心目中的标杆人物。

在其职业生涯中，获得了很多奖项和业界的认可。

快速访问